AF346733

LIBRAIRIE D'ÉDUCATION

DE PIERRE BLANCHARD,

Galerie Montesquieu, n° 1, au premier, sur le cloître Saint-Honoré.

Comme je suis en relation avec presque tous tous les Libraires de France et un grand nombre des pays étrangers, on peut se procurer partout, et avec facilité, les Ouvrages qui composent le fonds de ma Librairie, et dont je donne ici le Catalogue.

Beautés de l'Histoire de France, par *Pierre Blanchard*. ONZIÈME ÉDITION, 1 v. in-12, avec 8 fig. Prix, 3 fr.
Tableaux de la nature et des bienfaits de la Providence, 1 vol. in-12, fig. Prix, 3 fr.
Les Animaux industrieux, 1 vol. in-12. Prix, 3 fr.
Contes d'une Mère à sa Fille, par madame *Mallès de Beaulieu*, 2 vol. in-12, ornés de 12 jolies gravures, avec une couverture imprimée. Seconde édit. Prix, 6 f.
Conversations amusantes sur l'Histoire de France, par mad. *Mallès de Beaulieu*, 2 vol. in-12, fig. Prix, 6 fr.
L'aimable Enfant, ou Conversations d'Edouard; imité de l'Éducation pratique de *Miss Edgeworth*, par madame *Elisabeth de Bon*, 2 vol. in-12, fig. Prix, 6 fr.
Aventures de Robinson, 2 vol. in-12, avec 12 jolies gravures. Prix, 6 fr.

L'Ami des Jeunes Demoiselles, ou Conseils aux jeunes personnes qui entrent dans le monde, 2 vol. in-12, ornés de 9 jolies fig., avec une couverture imprimée. Prix, 5 fr.

Le Retour des Fées, contes, par madame la comtesse de *Choiseul*, 2 vol. in-12, ornés de 10 grav. Prix, 5 fr.

Lettres de deux jeunes amies, ou Conseils de l'amitié, par mad. *Mallès de Beaulieu*, 2 v. in-12, fig. Prix. 5 fr. 50 c.

Le Robinson de douze ans, histoire curieuse d'un jeune mousse abandonné dans une ile déserte, 1 vol. in-12, fig. Quatrième édit. Prix, 2 fr. 50 c.

Eugénie, ou le Calendrier de la Jeunesse, par madame *de Flamanville*, 1 vol. in-12, orné de 6 jolies fig. Troisième édit. Prix. 2 fr. 50 cent.

Les Jeunes Pensionnaires, 1 v. in-12, fig. Prix, 2 f. 50 c.

Petit Théâtre de Famille, par madame de Flesselles, 1 vol. in-12, fig. Prix, 2 fr.

Petit Tableau des Arts et Métiers, ou les Questions de l'Enfance, 1 vol. in-12, fig. Seconde édit. Prix, 2 fr.

Petit Voyage autour du Monde, par *P. Blanchard*, 1 vol. in-12, fig. Seconde édit. Prix, 2 fr.

Les Jeunes Enfans, contes, par *Pierre Blanchard*, 1 vol. in-12, imprimé en gros caractère, orné de 6 jolies figures. Troisième édition. Prix, 2 fr.

Les Sœurs jumelles, 1 vol. in-12, fig. Prix, 2 fr.

Les Délassemens de l'Enfance, par *Pierre Blanchard*. Troisième édit. 6 v. in-18, ornés de 24 jolies fig., 9 fr.

Les jeunes Voyageurs en France, 4 vol. in-18, fig. Prix, 6 fr.

Petit Dictionnaire des Inventions, 1 fort vol. in-18, fig. Prix, 1 fr. 50 cent.

Le Petit Anacharsis, 2 vol. in-18, fig. Prix, 2 fr. 50 c.

L'Ami des Petits Enfans, ou les Contes les plus simples de *Berquin*, *Campe*, et *Pierre Blanchard*, 2 vol. in-18, ornés de jolies figures. Prix, 2 fr. 50 cent.

Les Quinze Nouvelles de l'Enfance, 2 vol. in-18, fig. Prix, 2 fr. 50 c.

Modèles des Enfans, 1 vol. in-18, figures. Dixième édition. Prix, 1 fr. 25 c.

Modèles des Jeunes Personnes, 1 vol. in-18, fig. Cinquième édition. Prix, 1 fr. 25 cent.

Modèles de la Jeunesse chrétienne, 1 vol. in-18, figures. Troisième édition. Prix, 1 fr. 25 cent.

L'Enfant aveugle, histoire, 1 vol. in-18, fig. 1 fr. 25 c.

Les Accidens de l'Enfance, par *Pierre Blanchard*, 1 vol. in-18, fig. Huitième édition. Prix, 1 fr. 25 c.

Les Enfans studieux. Septième édition. 1 vol. in-18, fig. Prix, 1 fr. 25 c.

Premières connaissances à l'usage des enfans qui commencent à lire; 1 vol. in-18, fig. Quatrième édit. Prix, 1 fr. 25 cent.

Présent d'une Sœur à son Frère, et d'un Frère à sa Sœur, petits contes, 1 vol. in-18, fig. Troisième édition. Prix, 1 fr. 25 cent.

Contes à Henriette, in-18, avec 6 jolies fig. Prix, 1 fr. 25 c.

Le La Fontaine des Enfans, ou Choix des Fables de La Fontaine les plus simples et les plus morales. Cinquième édition. 1 vol. in-18, figures. Prix, 1 fr. 25 cent.

Les Petits Peureux corrigés, 1 vol. in-18, fig. Prix, 1 fr. 25 cent.

Geneviève dans les bois. 1 vol. in-18, fig. Prix, 1 fr. 25 c.

Les Embarras d'une Petite Fille curieuse, 1 vol. in-18, fig. Prix, 1 fr. 25 c.

Dictionnaire des Locutions vicieuses les plus communes, et des mots dénaturés ou mal employés. 1 vol. in-18. Prix, 1 fr. 25 cent.

Le Secrétaire des Enfans, 1 vol. in-18. Prix, 1 fr. 25 c.

Petit Télémaque, ou Précis des aventures de Télémaque. 1 vol. in-18, fig. Prix, 1 fr. 25 c.

Vie du jeune Louis XVII, écrite en faveur de la jeunesse. Deuxième édit. 1 vol. in-18, fig. Prix, 1 f. 25 c.

Vie de sainte Geneviève, patronne de Paris. 1 v. in-18. Jolie édition, ornée de 4 fig. Prix, 1 fr. 25 c.

La Grammaire en dialogues, par *Le Vallois*. 1 vol. in-12. Prix, 1 fr.

L'Histoire de France en estampes, in-8° oblong, orné de 32 planches, avec couverture gravée et cartonnée. Prix, 10 fr.

La Géographie en Estampes, ou les Mœurs et les Costumes des Peuples. 1 vol. in-8° oblong, avec couverture cartonnée et imprimée, et orné de 30 pl. Prix, 8 fr.

Le Miroir des Enfans, estampes morales, cahier in-16 oblong, cartonné, avec une couverture imprimée. Seconde édition. Prix, 1 fr. 50 cent.

Le Petit Enfant prodigue, 1 cahier oblong, orné de 16 jolies grav. Seconde édit. Prix, 1 fr. 80 c.

Joseph et ses Frères. 1 cahier in-16 oblong, fig. et couverture cart. et imprimée. Prix, 1 fr. 25 c.

Le Petit Conteur. Cahier in-8° oblong, orné de 12 jolies gravures, couverture cartonnée et imprimée. Prix, 1 fr. 80 cent.

La Journée des Enfans, 1 vol. in-32, cartonné et orné de 10 jolies figures. Prix, 1 fr. 50 c.

La Petite Ménagerie, histoire des animaux. 1 v. in-32 oblong, orné de 24 jolies figures, couverture cartonnée et imprimée. Seconde édition. Prix, 1 fr. 50 cent.

Histoire surprenante de Jacques le vainqueur des

4

Géans, conte d'enfant. 1 cahier in-16 oblong, fig. Prix,
1 fr. 25 cent.

La Civilité en Estampes, in-8° oblong, carton. Prix, 2 fr.

Les Bons Exemples, gravures morales et amusantes,
in-8° oblong, cartonné. Prix, 2 fr.

*Promenades amusantes d'une jeune Famille dans les
environs de Paris.* 1 cahier oblong, jolies gravures,
couverture imprimée et cartonnée. Prix, 2 fr. 50 cent.

Leçons pour les Enfans de trois à cinq ans. 1 vol.
in-18, fig. Prix, 1 fr. 25 c.

Contes pour les Enfans de cinq à six ans. 1 vol. in-18
fig. Prix, 1 fr. 25 c.

Comment le jeune Henri apprit à connaître Dieu. 1 vol.
in-18, fig. Prix, 1 fr. 25 c.

Tom Pouce. 1 vol. in-18, fig. Prix, 1 fr. 25 c.

Le Jeune Dessinateur, ou Études de paysages, fleurs
et animaux. Cahier oblong, orné de 23 gravures, couverture cart. et imprimée. Prix, 3 fr.

La Poupée bien élevée, cahier in-8° oblong, orné de
12 jolies gravures, couverture cartonnée et imprimée.
Prix, 3 fr.

La Maison que Pierre a bâtie. Cahier in-16, orné de 10
gravures. Prix, 60 cent.

Abécédaire des Petites Demoiselles, in-12, orné de jolies figures. Prix, 75 cent.; et color. 1 fr.

Abécédaire des Petits Garçons, in-12, fig. Prix, 75 c.
et color. 1 fr.

Le Livre des Petits Enfans, abécédaire in-12, fig. Prix,
75 c.; color. 1 fr.

Petit Quadrille des Enfans, abécédaire in-12, fig. Prix,
75 c.; color. 1 fr.

Abécédaire Géographique, in-12, figures. Prix, 75 c.;
et color. 1 fr.

Petit Abécédaire amusant, in-32 oblong, 12 fig. color.
Prix, 60 cent.

L'Abécédaire des Campagnes, in-18, orné de 4 planches coloriées. Prix, 40 cent.

L'Abécédaire des Écoles Chrétiennes, in-18, avec
4 planches coloriées. Prix, 40 cent.

Le Dictionnaire des ménages, ou Recettes diverses. Un
fort vol. in-8°. Seconde édition. Prix, 6 fr.

*Histoire des Batailles, Siéges et Combats des Fran-
çais,* depuis 1792 jusqu'en 1815. 4 vol. in-8°. Prix,
24 fr.

Cours de littérature dramatique, ou Recueil par ordre
de matières des feuilletons de Geoffroy. 5 vol. in-8°.
Prix, 33 fr.

*Les anciens avaient mis le règne végétal sous
la protection d'un grand nombre de Divinités.*

PARIS,
A la Librairie de l'Enfance et de la Jeunesse,
Chez PIERRE BLANCHARD,
Galerie Montesquieu, N.º 1, au Prem.r

LES VÉGÉTAUX CURIEUX,

OU

RECUEIL DES PARTICULARITÉS LES PLUS REMARQUABLES QU'OFFRENT LES PLANTES CONSIDÉRÉES SOUS LEURS RAPPORTS NATURELS ; INDICATION DES FAITS HISTORIQUES QU'ELLES RAPPELLENT, ET DES PRINCIPAUX USAGES AUXQUELS ELLES SONT EMPLOYÉES ; PRODIGES DE LEUR STRUCTURE ET DE LEUR VÉGÉTATION ;

OUVRAGE INSTRUCTIF ET AMUSANT,
DESTINÉ A LA JEUNESSE DES DEUX SEXES,

Par B. ALLENT.

PARIS,
A LA LIBRAIRIE DE L'ENFANCE
ET DE LA JEUNESSE,
CHEZ PIERRE BLANCHARD,
Passage Montesquieu, n° 1, au premier.

1824.

PARIS, IMPRIMERIE DE CASIMIR,
rue de la Vieille-Monnaie, nº 12.

EXPLICATION DES PLANCHES.

FRONTISPICE.

Cybèle, représentant la terre, occupe le milieu du
tableau : derrière elle Pomone remplit une corbeille
des plus beaux fruits, tandis que Flore tresse une
couronne de fleurs. Sur le dernier plan du paysage,
que le char du soleil éclaire de ses rayons, on aperçoit Cérès, se reposant, appuyée sur une charrue :
C'est ainsi que les anciens, trouvant le règne végétal
rempli de prodiges et de merveilles, l'avaient mis
sous la protection d'un grand nombre de divinités.

TITRE GRAVÉ.

A droite un cocotier chargé de ses fruits, au pied
duquel est un Africain armé pour la chasse ; à gauche une vigne soutenue le long d'un treillage qui
supporte aussi quelques fleurs grimpantes : un Eu-
ropéen, la hotte sur le dos et la serpe à la main, est
auprès occupé à vendanger. Entre les deux arbres
coule un ruisseau dans lequel baignent des fluviatiles.

PREMIÈRE PLANCHE. — PARTIES CONSTI-
TUANTES DES VÉGÉTAUX.

Cette planche contient une indication au trait de
toutes les parties qui entrent dans l'organisation du
végétal le plus complet. (*Voyez* l'introduction.)

IIᵉ PLANCHE. — L'HORLOGE DE FLORE.

Un amateur, dans son jardin botanique, fait voir
à deux curieux une horloge de Flore qu'il a fait éta-

blir dans un bassin desséché et sur la plate-bande qui l'entoure : dans le fond est une serre d'où les jardiniers sortent des arbustes.

IIIe PLANCHE. — SOMMEIL DES PLANTES.

Linné, une lanterne à la main, vient visiter des lotus dont un savant lui a fait présent : n'y trouvant plus les fleurs qu'il a admirées dans le jour, il accuse de les avoir prises deux de ses jardiniers qui semblent se disculper. En effet, les fleurs ne sont point enlevées, mais seulement cachées par les feuilles qui, la nuit, prennent une disposition particulière.

IVe PLANCHE. — CÉRÉMONIE DU GUY.

Les Gaulois sont avec leurs prêtres au milieu d'une forêt : la grande prêtresse coupe avec une faucille d'or le guy sacré que porte un chêne séculaire, et deux eubages reçoivent la plante sur une tunique blanche. On remarque parmi les objets nécessaires au sacrifice, des trépieds et une chaudière d'airain.

AVERTISSEMENT.

Rien n'est plus rassurant pour l'amour
paternel, que de voir un enfant se plaire
au sein de la campagne et se livrer avec
une sorte d'avidité à l'étude de la botanique ou aux soins du jardinage : il est
rare que celui qui laisse voir de pareils
goûts n'ait pas un cœur simple et une
âme bien préparée à toutes les semences
de vertu. C'est d'ailleurs, donner une
preuve de sensibilité que de se com-
plaire au milieu des végétaux; car, il
faut à la vie lente qui les anime prêter,
par un effort de l'imagination, un peu plus
d'énergie et presque des sentimens, pour
les rendre plus intéressans et se mettre
plus agréablement en rapport avec eux.
Peut-être encore que l'esprit, sans cesse
occupé de soins innocens, d'inquiétudes
et de joies, qui toutes ont pour objet des
causes morales, souffrirait trop ensuite s'il
fallait qu'il s'employât à des projets sé-

rieux, à des pensées sombres, à des réso-
lutions sinistres. Qui sait même si l'œil se
reposant continuellement sur les couleurs
tendres et variées de la végétation, on
n'est point disposé au calme par cette vue
même, et si la paix et le silence des champs
ne contribuent point aussi à maintenir
dans les jouissances d'un doux repos l'homme qui déjà se trouve si faible et si petit en présence d'un vaste horizon. Ces
causes, que nous venons de désigner,
agissent sans doute, et si ce livre contribue à faire trouver la campagne plus
aimable à quelques-uns de nos jeunes
lecteurs, nous espérons qu'il contribuera
également à perfectionner leurs mœurs ;
les visites que l'homme fait à la nature
ayant toujours pour résultat de le rendre
meilleur.

Ce but que nous nous proposons ici ne
serait point atteint, que notre ouvrage aurait au moins le faible mérite de présenter
réuni, et pour ainsi dire sous un même
coup d'œil, tout ce que les végétaux peuvent offrir de curieux ou de remarquable.

En effet, bien que ce livre ne soit point un cours de botanique, il renferme cependant tout ce qu'un pareil ouvrage contient d'observations intéressantes et de connaissances certaines : on y retrouve la science, mais dégagée de toute aridité, de toute sécheresse, et embellie de toutes ses aménités. Nous devons toutefois prévenir nos jeunes lecteurs sur le degré de croyance que méritent les faits que nous allons rapporter : et les invitant à les partager en deux classes, à renfermer dans l'une ceux qui sont appuyés sur les écrits ou les expériences des savans, et dans l'autre ceux que des relations historiques nous ont fait connaître, nous les engagerons à avoir dans les premiers une confiance aveugle, tandis qu'ils n'accorderont aux derniers que la foi qu'ils leur paraîtront devoir mériter. Le savant ne peut et ne doit écrire que d'après des faits, et il est forcé à ne présenter que sous la forme du doute tout ce qui n'est point prouvé; l'historien, au contraire, n'a pas à répondre de l'authenticité des monumens d'après lesquels il établit les actions des personnages qu'il met en scène, et plus il a de talent plus il lui est facile de rendre vraisemblables les faits les moins avérés, en leur prêtant, à l'aide du style, une vérité de couleur et d'expression qui nous séduit et qui nous abuse ; aussi les sciences auront-elles toujours sur les lettres l'avantage de l'exactitude et de la vérité.

Les matériaux qui devaient entrer dans cette compilation étaient nombreux, puisque nous devions y donner place à tout ce qui aurait avec les végétaux le moindre rapport, et qui en même temps serait susceptible de quelque intérêt ; mais notre choix était presque fait, et nous n'avons eu qu'à rétablir des passages déjà tout extraits en un ordre plus scientifique et moins arbitraire. Ici nous avons classé les végétaux par *familles*, et quand nous nous sommes occupés de physiologie, nous avons attendu que l'occasion s'en présentât, ou nous l'avons fait naître. C'est ainsi qu'en parlant de la jacinthe nous avons été conduits à dire un mot des *fleurs artificielles*, et qu'à l'occasion du mûrier nous avons passé en revue plusieurs végétaux qui ont, comme lui, la propriété de fournir une espèce de papier : la valisnerie nous a conduits non moins naturellement à entretenir nos lecteurs des organes de la reproduction dans les plantes, et des phénomènes si intéressans de la fécondation. Enfin, nous avons cru ne pouvoir mieux placer, qu'après l'article consacré au chêne, l'un des arbres dont le bois est le mieux formé, quelques détails sur le travail qui métamorphose les liquides du végétal en bois blanc, et ensuite ce bois blanc en bois parfait. Ainsi les instructions se trouvent moins rapprochées, elles ne viennent que pour satisfaire la curiosité déjà excitée du lecteur, et se gravent plus aisément dans la mémoire.

C'est peut-être au milieu du règne végétal que l'on sent le mieux tout le pouvoir du créateur, toute la recherche et toute la fécondité de son œuvre. Les minéraux cachés dans les entrailles de la terre, presque toujours couverts par le sable, ne brillent de tout leur éclat qu'après avoir passé sous la main de l'homme dans les nombreux ateliers où on les travaille : leur immobilité nuit d'ailleurs à nos sensations, en n'offrant jamais à nos yeux, amis du changement et de la variété, qu'un aspect toujours le même et une fatigante monotonie. Le règne animal n'est pas non plus assez exposé à nos regards pour qu'il nous soit facile de jouir de toutes ses beautés. Nous-mêmes nous avons forcé, par nos continuelles poursuites, les animaux les plus innocens à se creuser des retraites profondes, à ne point quitter l'épaisseur des bois et à ne peupler les campagnes qu'au milieu de la nuit, et à l'heure où nous demeurons enfermés dans nos habitations. Quant à nos animaux domestiques, l'esclavage a fait perdre aux uns les brillantes couleurs dont leur corps était orné ; il a privé les autres de cette vivacité qui, dans l'état sauvage, donnait à tous leurs mouvemens tant de grâce et de légèrcté ; il a remplacé par la fausseté, le vol et la gourmandise, les qualités qui leur étaient naturelles comme l'agilité, l'industrie et le courage. Les végétaux au contraire ne sont point soumis à l'empire de l'homme, ou plutôt par un bienfait, qui les préserve de notre influence fâcheuse, la nature a voulu que nous ne puissions que les embellir en les cultivant. On dirait que chez eux les marques de grandeur et de puissance, qui d'abord furent imprimées à tous les êtres créés, ne peuvent plus s'effacer. Quel luxe de couleurs que rien n'altère! quel degré si bien choisi dans le principe de vie qui les anime! Leur mode d'existence leur permet certains mouvemens, un accroissement sensible, des transitions de luxe et de pauvreté, tous états qui peuvent nous intéresser, et en même temps leur ôte tout moyen de s'éloigner de nous, de nous nuire, ou de nous causer des inquiétudes, qui bientôt seraient devenues pour eux comme autant d'arrêts de mort.

C'est donc par la contemplation des végétaux qu'il est surtout facile d'arriver jusqu'à celui qui les a faits ; et si cet ouvrage parvient à rendre cette contemplation plus facile ou seulement plus agréable, il aura rendu à nos jeunes lecteurs un service important en les rapprochant de ces idées éternelles, qui sont de toute vérité, et qui deviennent pour l'homme comme une ancre de salut au milieu des incertitudes et des orages de la vie.

B. ALLENT.

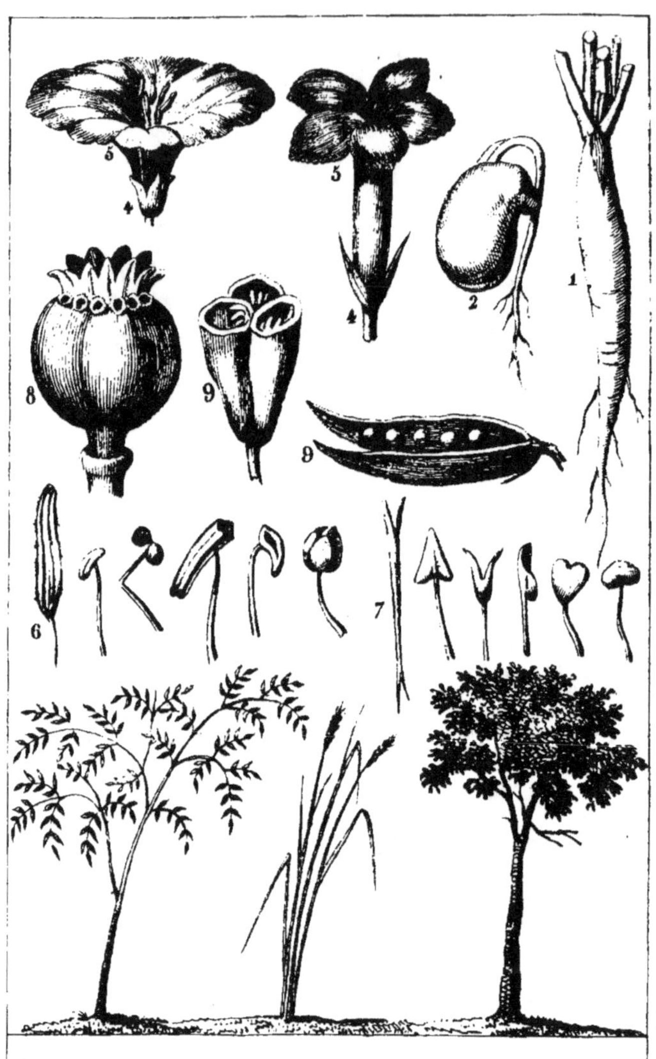

Ière PL. PARTIES CONSTITUANTES DES VÉGÉTAUX

LES VÉGÉTAUX

· CURIEUX.

INTRODUCTION.

DES PARTIES QUI COMPOSENT LES VÉGÉTAUX.

Que serait ce globe sans les végétaux? Un amas de sables arides, de terres incultes et de rochers, un lieu triste et sauvage, où l'aspect des animaux, même les moins dangereux, deviendrait effrayant : n'étant plus abrités par la verdure, ni à demi cachés par ces plantes et ces arbres qui ont encore quelque vie et une sorte de mouvement, ils paraîtraient toujours à nos yeux sur la terre nue et immobile, et alors leurs mouvemens les plus gracieux seraient toujours brusques pour notre œil, qui les comparerait au repos complet des corps environnans. D'ailleurs toutes les espèces qui se nourrissent d'herbes ou de racines ne pourraient plus exister, ou prendraient d'autres formes avec d'autres goûts ; les races carnassières seraient donc seules habitantes avec nous de cette terre qu'il nous faudrait disputer à leur férocité : nous mêmes ne vivant que dans une continuelle défense, et n'ayant pour toute nourriture que la chair de nos victimes, quel serait notre caractère? quelle pourrait jamais être notre civilisation? Cette supposition, que nous avons imaginée ici pour tout le globe, est une réalité pour les déserts de l'Afrique; et peut-être l'absence des végétaux dans ces climats brûlans est-elle une des causes qui, long-temps encore, empêcheront la civilisation de s'introduire parmi les peuplades sauvages qui les habitent. Au reste ce monde n'aurait peut-être pu exister sans la création du règne végétal ; mais comme il faut admettre l'absence d'une chose lorsqu'on veut en apprécier toute l'utilité, notre hypothèse aura toujours ce mérite, de faire voir combien les plantes nous étaient nécessaires.

Sans doute qu'il se mêle à notre admiration pour les végétaux un sentiment de reconnaissance, car nous ne regardons jamais un paysage sans une sorte d'attendrissement : c'est sans nous en rendre compte que nous songeons aux avantages que les plantes nous procurent; et ce luxe de verdure qu'elles étalent en acquiert à nos yeux plus d'éclat et de beauté , car déjà ce n'est plus pour nous une parure stérile. Les végétaux ne serviraient qu'à orner cette demeure terrestre, pourrions-nous donc n'être point encore surpris des admirables effets qu'ils y produisent. Où trouvera-t-on, avec les élémens les plus simples, plus de variété dans les combinaisons? C'est toujours une tige, ce sont des branches, des feuilles et des fleurs : mais que de différences dans l'emploi qui a été fait de ces parties toujours les mêmes. Ici des tapis de verdure se déroulent à l'infini, et l'œil aperçoit l'horizon plus tôt que les chemins sur les bords desquels ils doivent s'arrêter; là des colonnes majestueuses d'un bois marbré portent jusqu'au ciel des couronnes de feuilles, et ressemblent, à voir les fruits suspendus aux rameaux, à des trophées élevés à la gloire du Seigneur, et chargés de prémices et d'offrandes; plus loin des berceaux de fleurs, formés par l'enlacement naturel des branches, offrent à l'homme pendant les chaleurs du jour un asile frais et embaumé : ce sont des dômes de verdure, des lits de mousse, des rameaux qui s'élancent dans les airs avec la roideur du jet d'eau, ou des branches plus faibles qui, chargées de feuillage, retombent en une courbe molle comme la cascade. A l'horizon, le ciel est tantôt découpé par la cime inégale des forêts,

tantôt il est caché par un rideau vert dont la
partie la plus élevée est interrompue partout
également, et comme par une ligne géométri-
que. Nous ne citons ici que les variétés qui se
rencontrent dans les effets produits par les
masses; il en est bien d'autres dans les détails. Les fleurs seules présentent des formes
sans nombre, et toutes si bien choisies que
nos peintres décorateurs et nos architectes ne
peuvent en inventer, ni en composer une nouvelle, qu'elle ne manque de grâce et de vérité dès qu'on l'approche de celles créées par
une main bien autrement habile.

Si, à la vue de spectacles aussi ravissans,
l'admiration n'était portée au dernier degré,
on sent qu'elle pourrait aller plus loin encore
lorsqu'on examine de plus près ces végétaux
si beaux et si puissans, et que l'on vient à voir
le berceau de tant de merveilles. La petitesse
du laboratoire, comparée à la magnificence
des produits, fait alors naître un étonnement qui ne cesse qu'après avoir confondu
notre intelligence. Quoi! ce chêne est sorti
d'un gland! un peu de poussière jaune a produit cette palissade verte et serrée! quelques
graines ont fourni cette immense quantité de
bois, qui va chauffer pendant un hiver tout
un quartier de la ville! C'est par des excla-

mations semblables que notre surprise se révèle.

On ne peut apprécier ces beautés de détail
dont tous les végétaux sont remplis, que l'on
n'ait acquis auparavant quelques connaissances
de botanique, ou au moins que l'on ne sache
distinguer les différentes parties d'une plante,
et assigner à chacune d'elles les propriétés qui
la distinguent et les fonctions qu'elle est appelée à exécuter. Aussi, avant d'occuper autrement l'attention de nos jeunes lecteurs,
croyons-nous utile de leur faire connaître, au
moyen d'images gravées, ce qui constitue un
végétal parfait; nous désignons ici sous cette
dénomination de *parfait*, celui qui présente
réunis tous les organes que l'on rencontre ordinairement épars dans le règne végétal.

Pour faciliter la petite revue que nous allons commencer, nous diviserons d'abord le
végétal en trois parties, la racine, la tige et
la fleur.

LA RACINE.—Représentée dans notre première planche sous le n° 1, la racine est cette
partie du végétal qui, ordinairement cachée en
terre, se dirige vers le centre du globe, et fournit aux parties qui s'élèvent à sa surface les
sucs dont elles ont besoin pour leur nutrition :
elle devient aussi pour elles une base, et pour

ainsi dire des fondemens, leur servant, comme dans les grands arbres, par exemple, d'une profonde attache dans la terre. La racine que nous représentons ici est de celles que l'on appelle *pivotantes;* il en est d'autres qui sont garnies d'innombrables filamens que l'on a désignés sous le nom de chevelu et qui sont autant de suçoirs qui, outre la faculté d'absorber les sels que contiennent les terres, jouissent en outre d'une sensibilité qui leur permet de choisir et d'attirer les seules molécules qui doivent être profitables à la plante. C'est là un instinct végétal. Il est des racines de toutes les formes et de toutes les densités : les bras ligneux de la racine du chêne, l'oignon du lys et la pomme de terre donnent une idée de ces différences.

Les racines ne sont pas toujours enfouies dans le sol. Elles sont quelquefois seulement plongées dans les eaux, et il en est même qui sont implantées sur l'écorce d'autres végétaux.

On appelle *collet* le point où la racine s'unit à la tige : ce point est plus ou moins sensible; quelquefois il est marqué par un étranglement, ou encore par un simple changement de couleur. Au collet se voient dans le plus grand nombre des plantes, au moment où elles sortent de terre, et surtout dans le haricot, deux feuilles épaisses et blanchâtres (n° 2); ce sont deux corps charnus qui, remplis de sucs, aident le végétal dans sa croissance, puis se dessèchent dès qu'il est élevé : ce sont les mamelles de la jeune plante. On pense que tous les végétaux doivent en avoir, mais on ne les aperçoit pas chez tous. Ces feuilles s'appellent cotylédons, de là le nom d'acotylédones donné aux plantes qui en sont privées.

La tige. — Prenant son essor en sens contraire de la racine, la tige s'élève vers le ciel; parfois aussi elle rampe à la surface du sol : elle est ligneuse comme dans les arbres, le hêtre, l'orme, etc., ou elle n'est qu'herbacée comme dans le blé et toutes les céréales. On dit qu'elle est sous-ligneuse quand, ligneuse par en bas, elle devient verte à peu de distance de la racine. Sous le n° 3, sont représentés ces trois états de la tige.

La tige porte les rameaux qui sont comme les bras du végétal. Ces rameaux naissent tantôt du pied de la tige comme dans la plupart des arbrisseaux, tantôt à une certaine hauteur comme dans les arbres, et la partie qui reste nue prend le nom de tronc. Les rameaux sont toujours posés en un certain ordre à l'entour de la tige; ou ils partent de points diamétralement opposés, ou ils sont alternes. Ils se divisent ensuite de deux en deux ou de trois en trois. Les feuilles dont ils sont couverts observent aussi des dispositions régulières ; tantôt elles sont isolées les unes des autres, tantôt rassemblées trois à trois, cinq à cinq, sept à sept : souvent on en compte jusqu'à trente disposées comme les barbes d'une plume des deux côtés d'un long *pétiole* : on donne le nom de pétiole à la petite branche herbacée qui unit la feuille aux rameaux. La partie épanouie de la feuille s'appelle *lame*. Les feuilles naissent sous la forme de bourgeons, et se déroulent en crevant l'enveloppe qui les retient plissées. Elles sont toujours plissées de la même manière chez les végétaux d'une même espèce.

La tige porte encore des organes qui sont moins fréquens et comme accidentels chez les plantes, et auxquels on a donné à cause de cela le nom d'organes accessoires. Ce sont les poils, les épines, les vrilles...., etc.

La fleur.— Deux enveloppes, l'une extérieure, le plus souvent verte, et qui prend le nom de calice (n° 4), l'autre intérieure et colorée, que l'on appelle corolle (n° 5), contiennent les organes chargés de reproduire le végétal qui doit périr, comme tous les êtres créés, et qui a reçu la vie, non pour en jouir toujours, mais pour la transmettre à sa postérité. Le pédoncule qui est pour la fleur ce qu'est le pétiole pour la feuille, porte cet appareil. Les organes de la reproduction chez les plantes sont ces filets que l'on aperçoit au fond des fleurs. Les uns que l'on a appelés étamines (n° 6) portent à leur sommet de petits sacs ou capsules, remplis d'une poussière jaune qui sert à féconder le fruit. Les autres désignés sous le nom de styles (n° 7), sont renflés et ouverts dans leur partie supérieure : ils reçoivent la poussière jaune, que les botanistes appellent *pollen*, quand le petit sac qui la contient vient à se rompre, et comme ils sont creux ils la transmettent, comme par un conduit, à un petit renflement de couleur verte, placé ordinairement au fond des enveloppes florales, et qui contient les graines non encore fécondées. Après que le pollen a rencontré les graines, les enveloppes florales se décolorent, et le plus souvent tombent toutes les deux, quelquefois cependant le calice reste : on dit dans ce cas qu'il est persistant. Le n° 8 représente un fruit que le calice tient encore enveloppé.

La fécondation a eu lieu et déjà le fruit mûrit. Dès qu'il est arrivé à sa maturité, l'espoir du cultivateur est assuré, et les graines

contenues dans des enveloppes vertes ou coriaces, et ordinairement disposées par cloisons,
comme dans le n° 9 de notre planche, sont
recueillies par le cultivateur qui les conserve,
afin de les semer en temps propice.

Quand on fait macérer une graine et qu'on
la dissèque avec soin, on y trouve l'embryon
de la plante et les rudimens des trois parties
que nous avons désignées sous les noms de racine, de tige et de cotylédons; mais la racine
et la tige sont alors si petites qu'on ne les voit
qu'avec l'aide de la loupe. Le n° 10 présente,
sous des dimensions plus grandes que nature,
une plante qui n'est encore qu'à l'état d'embryon. On appelle alors la tige plumule et la
racine radicule; le collet est à peine sensible.

Nous avons très-rapidement exposé les premiers principes de la science botanique et
omis à dessein des détails qui, n'étant point
nécessaires au but que nous nous proposons
d'atteindre, auraient surchargé de trop d'érudition un ouvrage qui doit amuser avant
d'instruire : nos jeunes lecteurs, si nous leur
inspirons quelque goût pour les végétaux,
trouveront dans les livres classiques le complément d'instruction que leur esprit pourra
désirer : avec la *Flore de Thuillier,* ils recon-
naîtront dans les champs les plantes qui nous

auront fourni la matière d'une anecdote ou d'une simple remarque, et avec les deux volumes que M. de *Mirbel* a écrits sur la *Physiologie végétale*, ils apprendront à étudier la nature d'un œil plus savant et plus curieux. Leur indiquer ainsi les auteurs qu'ils doivent consulter, c'est, il est vrai, avouer notre impuissance, mais en même temps n'est-ce pas leur prouver tout notre désir de leur être utile.

GRAMINÉES.

—

LE BLÉ.

L'ÉTUDE n'a de charmes qu'autant que l'on s'y livre avec réflexion, autrement elle n'est plus qu'un travail mécanique qui fatigue et qui conduit bientôt à un invincible dégoût. Les faits ne sont rien par eux-mêmes, les comparaisons qu'ils nous portent à établir, les hypothèses qu'ils nous font créer, les raisonnemens à l'aide desquels nous les soutenons, voici ce qui occupe agréablement notre esprit et nous conduit par un exercice facile, dès qu'il nous est habituel, à la véritable science : celui-là, par exemple, aurait l'âme bien froide ou l'imagination bien stérile, qui se contenterait d'apprendre que le blé, et en général toutes les céréales, peuvent croître et mûrir dans tous les pays, sous tous les degrés de température, et qui ne verrait en cela rien autre chose qu'une grande force vivace dans les plantes de cette famille. Que cet autre au contraire éprouverait de douces émotions, qui, réfléchissant sur cette faculté des céréales de vivre auprès de l'homme, en quelque coin du globe qu'il se trouve, rapprocherait de cette première idée ce goût général, chez tous les hommes, de ces mêmes plantes dont ils ne sauraient se lasser, et finirait par soupçonner que l'intention de la Providence a été de veiller aux besoins de la créature en plaçant par toute la terre et à sa portée les alimens qui lui conviennent le mieux. Peut-être même, en comparant des choses analogues, serait-il conduit à observer que cette même faculté de s'acclimater partout est accordée au chien, au cheval, à tous les animaux enfin qui deviennent utiles à l'homme par leur instinct, leur force ou leur penchant à la domesticité. Il ne douterait plus alors de la protection visible de l'Être suprême, et si jamais, après un long voyage, il retrouvait sur une plage éloignée, ce chien, l'ami et le gardien de l'homme, ce blé, sa meilleure nourriture, il commencerait assurément avant de jouir des avantages d'une pareille rencontre, par rendre des actions de grâce à la bonté prévoyante du créateur. C'est ainsi qu'une seule pensée suffit pour développer mille sentimens délicieux, et que tout s'embellit pour celui qui veut observer et qui est né avec une âme sensible.

Le blé était trop répandu pour ne pas tenir

sa place dans les annales de tous les peuples. Il en est peu qui lui aient refusé cet honneur. Chez les Hébreux il est associé à d'autres plantes et offert à Dieu, sous le nom de *prémices*, dans les cérémonies religieuses. On le retrouve plusieurs fois cité dans les aventures de Joseph, fils de Jacob. Ce jeune berger ayant raconté à ses frères qu'en rêve il s'était trouvé avec eux en un champ, et que la gerbe qu'il avait faite, beaucoup plus belle que les leurs, se tenait droite et en recevait des salutations, l'explication qu'on pouvait donner d'un pareil songe déplut aux autres fils de Jacob, et ils vendirent Joseph à des marchands d'esclaves, faisant croire à son père qu'il avait été dévoré par des bêtes féroces.

Joseph, esclave, fut enfermé par ordre de Pharaon, roi d'Égypte, mais comme ce roi venait de voir en songe sept épis pleins qui étaient dévorés par sept autres épis vides et desséchés, il se proposa pour expliquer cet autre rêve, qu'aucun des magiciens du temps n'avait pu comprendre. Il sortit de prison, et comme il annonça sept années d'abondance que devaient suivre sept années de disette, le roi, satisfait de sa prédiction, l'établit près de lui en une place toute royale, afin que lui-même préservât l'Égypte du fléau qu'il avait signalé. C'est au milieu des honneurs dont il fut alors revêtu que Joseph vit se confirmer son premier songe; ses frères, amenés en Égypte, étant venus se prosterner devant lui.

Au temps de la moisson chez les juifs, une gerbe dite *sacrée* était en grande pompe apportée au temple, et on y lisait alors des préceptes tout divins, qui recommandaient au riche de ne point négliger le bien du pauvre, et d'oublier plutôt la *javelle* que de ramasser l'épi avec trop de soin. Florian a exposé cette coutume patriarchale dans son conte de *Ruth*, chef-d'œuvre de grâce et de sensibilité.

Tarquin-le-Superbe venait de faire lier des gerbes qu'il avait recueillies dans un champ consacré à *Mars*, champ qu'il avait envahi au mépris du dieu lui-même..... Il fut chassé de Rome avant que les gerbes ne fussent rentrées, et le peuple romain craignant d'offenser Mars en profitant de cette moisson sacrilége, la jeta dans le Tibre. Ces bottes de blé et des arbres qui, le même jour, furent précipités dans le lit du fleuve s'y étant arrêtés, donnèrent naissance à un tertre appelé par suite *île Sacrée*, et assez étendu pour qu'on pût y élever des temples.

Les Lydiens et les Milésiens furent en guerre pendant onze années consécutives, et pendant tout ce temps, les Lydiens ruinèrent leurs ennemis en évitant le combat et en ravageant leurs moissons.

Le chaume, c'est ainsi qu'on appelle la tige du blé, a servi chez les anciens comme chez les modernes à élever des cabanes, et presque de tout temps on l'a coupé par brins et mêlé à des terres détrempées, afin de leur donner plus de consistance, et de s'en servir pour élever des murs.

Les fétus de paille étaient l'arme terrible qui, chez les Égyptiens, servait au supplice des parricides : le coupable était exposé pendant plusieurs jours en public, et les bourreaux lui enfonçaient dans les chairs des petits morceaux de paille jusqu'à ce que son corps en fût tout hérissé. Alors on l'élevait au-dessus d'un brasier, et on le brûlait à petit feu.

Dans presque toutes les provinces de la France, les animaux ou les meubles qui sont en vente sont signalés par des bouchons de paille. Dans quelques villes il est un jour où dans chaque confrérie l'ouvrier levé le dernier, et par conséquent regardé comme le plus paresseux, est couronné de paille et promené ainsi par ses camarades au milieu des rues.

Dans beaucoup de nos campagnes des feux de paille deviennent le signal des réjouissances publiques et de certains jours de fête.

Du rapport qui existe entre les caractères physiques de chacune des familles naturelles et les propriétés des plantes qui la composent.

Bernard de Jussieu, contemporain de Linné, s'occupa de classer les végétaux d'après les ressemblances qui existent dans leur configuration, dans leur port et dans leurs habitudes. Il réunit tous ceux qui avaient une analogie bien réelle, et appelant *familles* ces classes distinctes et bien séparées, il chercha des différences moins sensibles entre les individus de chaque classe, et marqua pour chacun d'eux une place que la nature elle-même semblait lui avoir assignée. Ce fut dans un jardin botanique que Louis XV lui avait demandé que, pour la première fois, il disposât les plantes d'après cette méthode. On vit d'un côté toutes les fleurs dont la corolle délicate offre aux yeux la rondeur pleine de grâce de la rose ; une autre plate-bande était occupée par les végétaux dont la fleur ressemble au papillon ; quant à celles qui, plus composées, offrent comme l'astre du jour un centre et des rayons, elles formèrent aussi une classe séparée.

Bernard de Jussieu allait enfin publier une découverte dont cet essai n'était que l'expérience, lorsque la mort vint l'enlever aux relations savantes qu'il avait établies, et à l'attachement d'un neveu qui se montra digne de partager sa gloire. Celui-ci recueillit toutes les observations que son oncle avait faites sur la *méthode naturelle*, c'est ainsi qu'il appela ce nouveau mode de classification ; il remplit des vides qui devaient se trouver nécessairement dans un travail inachevé, fixa les points qui étaient restés incertains, et éleva aux sciences un monument auquel resteront toujours attachés le nom de *Bernard de Jussieu* et celui de son neveu, le souvenir de l'amour du maître pour son élève, et de la reconnaissance de l'élève pour son maître.

Linné avait classé tous les végétaux d'après une seule donnée, les organes de la reproduction ; mais, il n'était pas sans avoir observé ces liens d'analogie qui existent entre certaines plantes ; et, ce dont il est facile de se convaincre en lisant ses ouvrages, il parlait souvent des végétaux comme s'ils étaient déjà, à ses yeux, réunis par familles.

Ainsi, après avoir énuméré tous les services que rendent les graminées, il s'écrie : Ce sont les plébéiens du règne végétal ; peu de bon temps, des habits d'une même couleur, peu brillans et très-peu solides, une existence profitable à tout ce qui les entoure, et pénible pour eux au milieu des vents, des sables, et sans cesse exposés comme ils le sont à l'intempérie des saisons et à des maladies mortelles.

Au contraire, les brillantes liliacées sont les princes de la végétation : il n'est pas de fêtes où elles ne paraissent, et quand on néglige de les cueillir, elles restent dans une serre toujours chauffée, dans un véritable palais, où les jardiniers, comme des esclaves, courent en grande hâte afin de subvenir à leurs moindres besoins. Elles ne penchent point la tête comme les graminées qui fléchissent sous le poids des vents, elles la portent haute, fièrement immobile, ou délicieusement agitée par les zéphirs; véritables courtisans qui, en échange de leurs caresses, fuient et emportent le plus doux parfum. Pour compléter le tableau, Linné ajoute : et cependant qui est-ce qui les fait vivre? Ces mêmes graminées qui se détruisent à leurs pieds, et dont les débris convertis en fumier viennent nourrir leurs superbes racines.

Linné, observateur et philosophe, s'était donc aperçu que plusieurs végétaux ayant à peu près les mêmes caractères, pouvaient être réunis comme en famille; ce qu'il avait

sans doute aussi remarqué , c'est que les caractères et la forme extérieure des végétaux sont
toujours dans un certain rapport d'analogie avec
leurs propriétés ou nuisibles ou bienfaisantes.

Qui n'éprouverait un dégoût irrésistible
auprès des solanées. Ces plantes, herbes et
arbrisseaux tout ensemble, dont les fruits
sont d'un vert livide, les feuilles sombres et
les fleurs bizarrement découpées, ne paraissent point devoir fixer les regards de l'homme,
ni attirer sa main. Il semble que leur vue seule
suffit pour l'avertir qu'il est auprès des poisons
les plus actifs. Quelques fruits des solanées
sont même renfermés dans une capsule épi-
neuse, et repoussent la main qui veut les arracher de la branche ; avis salutaire qui parfois
a suffi pour éloigner du danger celui même
qui n'en était point autrement garanti.

Au contraire, si l'observateur se dirige vers
les mauves, ses yeux se reposent agréablement
sur le vert tendre de leurs feuilles, sur leurs
fleurs pourpres ou bigarrées des nuances les
plus douces et les plus variées , la forme élé-
gante des corolles, les contours régulièrement
découpés des feuilles qui ressemblent à celles
de la vigne, et qui, par leur velouté, invitent
la main à les toucher, tout le rassure : il respire avec plus de liberté, et sa confiance re-

naît : l'aspect doux et moëlleux de la mauve atteste son innocence, comme aussi le peu d'énergie de ses propriétés.

Les *crucifères* tiennent le milieu entre ces deux extrêmes, et il est à remarquer que l'angle que forme leur tige avec ses branches est plus droit que dans la mauve; que leur aspect, sans inspirer la méfiance, engage à moins d'abandon; et qu'il est dans leur *maintien* un certain air de sécheresse qui semble faire deviner cette astringence qui est commune à toutes les espèces de la famille. Les feuilles sont petites et peu nombreuses, les tiges droites et rudes au toucher.

Mon imagination se livrant à ces différences, qu'elle ne crée pas et qui sont bien dans la nature, verra toujours dans la solanée, le traître qui me poursuit et qui remplit mes jours d'inquiétudes et de chagrins ; dans la crucifère, le protecteur qui m'invite à un parti sage, mais austère ; dans la mauve, l'ami qui s'afflige avec moi. Sans chercher aussi loin des objets de comparaison nous pensons toutefois qu'après quelques saisons consacrées à un travail que nous ne faisons ici qu'indiquer, un naturaliste pourrait nous offrir un tableau fort intéressant et fort animé des rapports que la nature a établis entre l'aspect des plantes et leurs propriétés.

L'ÉLYMUS ARENARIUS.

Cette plante, bien que faible en apparence, sert de barrière à un fléau contre lequel s'armeraient en vain et la force des animaux les plus redoutables et toute l'adresse de l'homme. Elle croît au milieu des sables et ses feuilles, s'étendant au raz de terre, empêchent les vents de les soulever et de porter à travers les pays fertiles ces tourbillons destructeurs qui donnent la mort au voyageur égaré dans le désert, et qui entraînent avec eux et les productions du sol et les habitations.

C'est ainsi que l'industrie humaine, conseillée par de pareils exemples qu'elle doit sans doute à une intelligence supérieure, est parvenue à faire servir à ses fins toutes les productions de la nature. C'est au moyen de troncs d'arbres que nous réussissons à dompter les fleuves les plus impétueux, à disputer la Hollande aux flots qui menacent de l'engloutir; c'est avec les plantes que nous finissons par dessécher des marais considérables, insalubres, et que tous nos efforts réunis n'auraient point chassé des terres qu'ils avaient envahies, si nous n'avions eu recours à ce moyen, le seul qui pouvait conduire au succès. La plnate absorbe pour sa nourriture beaucoup d'humidité, beaucoup d'eau, et lorsqu'elle périt, elle fournit des débris, un *détritus* qui se convertit en terreau, et qui sert à élever peu à peu le fond du marais jusqu'au niveau du sol.

LE RIZ.

En Chine les empereurs ne dédaignent pas de s'occuper d'agriculture. Le grand-père de Kia-Kin ayant découvert une espèce de riz préférable à celle que son peuple cultivait, en éleva lui-même plusieurs pieds, et fit ensuite une ordonnance concernant la multiplication des graines qu'il en retira.

Chaque année l'empereur de Chine, entouré de tous les grands de sa cour, met la main à la charrue, et trace un sillon. Usage touchant, qui annoblit le soc sans faire perdre de son éclat à la puissance souveraine.

PALMIERS.

LE PALMIER.

La mythologie a consacré le palmier par plusieurs de ses cérémonies, et la superstition s'est plue de tout temps à accorder à cet arbre des propriétés extrêmement bizarres. Au Tunquin on empoisonne chaque année la noix d'une espèce de palmier, et on la fait manger à un jeune enfant, afin de rendre le ciel propice aux travaux publics qui sont entrepris aussitôt après cet abominable sacrifice.

La science du blason s'est emparée du palmier ; elle l'emploie souvent, comme ornement, dans la composition des armoiries. *Marie-Stuart*, sur le sort de laquelle on s'est beaucoup affligé dans ces dernières années, et qui ne fut pas moins coupable qu'Élisabeth, sa rivale et son bourreau, avait pris pendant sa captivité le palmier pour devise. Elle avait écrit au-dessous d'une *palme* courbée par l'orage : *La vertu cède un moment, mais ne succombe pas.*

Des fruits; distinction entre le fruit et les parties du végétal appelées vulgairement de ce nom; diverses harmonies.

Le palmier est habitant du désert, il est le seul d'entre tous les végétaux qui, au milieu des sables brûlans, élève une tête verdoyante : c'est la couronne de son feuillage qui rend de nouvelles forces au voyageur qu'un désespoir mortel allait saisir, et qui ranime sa vie prête à s'exhaler. Il lui offre des fruits, et souvent il est le guide qui le conduit près de la source que sa présence signale ; ainsi Dieu a suivi l'homme sur toutes les parties du globe accessibles à ses pas, et partout il a placé sous sa main des fruits produits par une terre toujours féconde.

Nous parlons de fruits: il est ici une distinction à faire ; je l'adresse surtout à mes jeunes lecteurs, et cependant bien des gens d'un âge plus avancé, mais étrangers à l'étude de la botanique, pourront la trouver instructive et me savoir gré de son utilité.

Nous venons de désigner sous le nom de fruits, comme le fait le monde, toutes les parties des végétaux que l'homme emploie comme alimens, mais en histoire naturelle rien ne serait plus faux que de dénommer ainsi ces parties charnues des plantes que, sous mille formes différentes, nous avons fait entrer dans nos cuisines : le botaniste n'appelle fruit que cette partie de la fleur qui, d'abord désignée sous le nom d'ovaire, enfle, prend de l'accroissement lorsqu'elle a reçu la poussière fécondante, et renferme les graines qui doivent produire ensuite une plante semblable à celle dont elles sont sorties. Au contraire, parmi nos fruits, il est peu de fruits proprement dits; ce sont d'autres parties du végétal. Ainsi dans la fraise c'est le réceptacle (1) que nous mangeons, et qui devient charnu et succulent après que la fécondation a eu lieu, le fruit véritable est le petit point noir qu'on remarque dans chacun de ces petits creux dont la fraise est criblée. Dans la pomme, dans la poire, les fruits sont des gonflemens pareils et charnus, tandis que le fruit n'est autre que le pépin qu'ils environnent, qu'ils renferment; dans la cerise le fruit est dans l'intérieur du noyau. La pomme de terre n'est non plus qu'une racine, et presque tous nos légumes ne sont pas autre chose. L'artichaut est un réceptacle, et les poils que nous désignons par le

---

(1) Extrémité du pédoncule sur laquelle repose la fleur.

mot *foin* contiennent les graines. Je me contente d'éveiller la curiosité par cette proposition sans m'y appesantir, mais je devais en dire un mot; car il est surtout à craindre, quand les jeunes gens étudient, qu'ils n'admettent quelque idée fausse. C'est être déjà à moitié savant que de n'avoir rien appris qui ne soit juste et vrai.

Rien de plus admirable que la diversité des saveurs que la nature a données aux fruits comme si elle eût voulu satisfaire tous les goûts; mais ce qui mérite d'être pour nous une cause éternelle d'étonnement et de reconnaissance, c'est la distribution si bien entendue qu'elle a faite de ses productions; chaque animal créé trouve dans le *milieu* qu'il habite les fruits qui doivent le nourrir: même ils sont toujours tels qu'il peut les atteindre, les arracher à leurs enveloppes et les broyer: il est pourvu des instrumens nécessaires à ce travail, mais de plus il est placé auprès du magasin qu'il doit exploiter de manière que si vous le transplantiez, et si l'homme lui refusait tout secours, il périrait souvent d'inanition au milieu d'une nature fertile, mais destinée à nourrir d'autres espèces.

Et l'homme ne trouve-t-il pas sous le ciel le plus brûlant les fruits les plus propres à rafraîchir, et qui contiennent le plus d'eau, comme aussi, dans les pays où une maladie est surtout commune, la plante salutaire dont la racine en est le meilleur remède. Que penser en réfléchissant sur de semblables rapprochemens, sinon que *l'harmonie* tient le premier rang parmi ces grands caractères dont l'ensemble nous révèle la Divinité.

LILIACÉES.

___

LE LIS.

LE lis est en France le symbole de la puissance, de la royauté; il est partout celui de la pureté et des nobles actions. Sa blancheur éblouissante est sans doute la cause qui l'a fait choisir pour ce dernier emblême.

En Navarre il est aussi une marque de sagesse et de piété. Une image de la Vierge miraculeusement trouvée dans le lis ayant guéri Garcias IV, ce roi, en reconnaissance du prodige institua l'ordre militaire de Notre-Dame-du-Lis.

L'une des devises les plus simples et les plus touchantes est assurément celle de Saint Louis. Ce roi, le modèle des époux et des chrétiens, avait fait graver sur la pierre de son anneau, un Christ, et sur l'anneau, des lis qui représentaient la France et des fleurs de marguerite, qui lui rappelaient sans cesse Marguerite son épouse. Au dedans de l'anneau était gravée une phrase très-courte dont voici le sens : *Hors ma bague plus d'amour.*

Les lis ne sont guère précieux que comme plantes d'agrément. La médecine qui tour à tour a offert toutes les plantes comme des remèdes universels n'a jamais accordé au lis de propriétés bien énergiques. Elle en a seulement recommandé l'oignon (celui du lis blanc), comme propre à faire aboutir les tumeurs par son application.

Dans cette même famille quelques genres ont des racines bulbeuses très-propres à servir comme aliment. Il est une espèce de lis dont les habitans de Kamtschatka retirent une fécule très-nourrissante.

Le lis est le symbole de la royauté dans la famille des Bourbons. Plusieurs poëtes ont fait allusion aux malheurs que cette race royale a éprouvés, et un lis tantôt brisé par l'orage, ou relevant sa tête sous un ciel serein, a servi à exprimer tour à tour ou les regrets ou l'espérance.

ASPHODÈLES.

—

L'HYACINTHE.

Les jeunes Grecques se couronnaient de fleurs d'hyacinthe quand elles allaient aux noces d'une de leurs compagnes.

Cette plante, dont on obtient un grand nombre de variétés, est cultivée par les Hollandais avec le plus grand soin : on trouve chez les jardiniers fleuristes d'Harlem *l'ophir*, espèce la plus recherchée et dont les fleurs, d'un jaune éclatant, offrent, en dedans de la partie ouverte de la corolle, des taches de couleur pourpre.

Il n'est aucun de nos lecteurs qui ne connaisse celle des *Métamorphoses d'Ovide*, où le poëte latin explique, d'après les fictions mythologiques, l'origine de cette plante. C'est Apollon qui, après avoir donné la mort au jeune Hyacinthe d'un coup de disque, lorsqu'il faisait avec lui une partie de palet, le métamorphose en plante. L'*hyacinthe ophir* aiderait la fable en ce sens que les taches qu'on y aperçoit seraient les gouttes de sang qui s'échappèrent de la plaie de cet imprudent qui osa jouer avec un dieu.

Moyens chimiques et mécaniques pour composer des fleurs artificielles.

Nous n'indiquerons pas comme un des moyens chimiques cette eau que M. *Comte* le physicien verse sur le vase plein de terre, d'où il doit faire naître à volonté toutes les fleurs que demanderont ses spectateurs. Nous ne reconnaissons à cette eau d'autres propriétés que celles de l'eau commune, mais nous apprendrons à nos jeunes lecteurs en quoi consiste tout le mystère, et comment il se fait que d'une très-petite coupe il sorte des fleurs si fraîches, comment en y puisant l'adroit sorcier en a bientôt assez pour fleurir toute la salle.

Pour opérer ce miracle il est deux points dont il ne faut pas s'écarter. On a d'abord bien soin de ne laisser toucher le vase par aucun des assistans, et ensuite de graduer la sortie des fleurs de manière à les offrir très-lentement d'abord, puis deux à deux, enfin trois à trois. De même quand on les a dans la main, il faut les tenir très-serrées, afin qu'elles offrent peu de volume, et ensuite les étendre à mesure que l'on en distribue. Les yeux du public sont trompés par ce manége et il croit voir augmenter le bouquet à mesure qu'il diminue. Dans la coupe, tout le secret consiste à comprimer les fleurs méthodiquement et à employer le moins de terre possible, en ayant soin cependant qu'elles soient exactement couvertes.

En exposant à la vapeur du soufre des hyacinthes bleues, on les rendra blanches, et par ce moyen on peut avoir sur la même branche des fleurs blanches, des fleurs bleues et des fleurs dont une moitié est bleue et l'autre blanche. Les personnes qui font en société des tours de physique amusante n'emploient pas d'autre stratagème pour produire ce phénomène.

Quelques personnes ont le talent d'exécuter, avec des légumes découpés, des fleurs artificielles qui rivaliseraient avec la nature. Elles ont d'ailleurs ce mérite que leurs couleurs ne sont point fabriquées par l'homme et la grande vérité des nuances ne contribue pas peu à séduire les yeux. Ce talent se rencontre le plus souvent chez les gens qui font métier de décorer les tables, chez les cuisiniers des grandes maisons. Nous avons vu, entre autres, une fleur de nénuphar, exécutée avec un navet, et en la touchant nous doutions encore si elle était fausse ou véritable.

LA SCILLE MARINE.

Cette plante a donné son nom à une fête qu'on célébrait en Sicile, sur les bords de la mer, et que l'on appelait fête des oignons marins. Les athlètes y combattaient sans laisser tomber les oignons qu'ils avaient reçus à l'ouverture des jeux.

On se sert de la scille avec succès contre l'hydropisie, et les pharmaciens en font un vin qu'on appelle *scillitique* et qui est administré contre cette maladie.

L'ASPHODÈLE.

L'asphodèle, qui a donné son nom à cette famille de la méthode de Jussieu, fut consacré aux tombeaux. Cette destination au reste mérite peu d'être remarquée; car il n'est peut-être pas une plante de toutes celles que connurent les anciens qui n'ait été rangée par eux au nombre de leurs plantes funéraires.

On jeta pendant un temps, sur les tombeaux, des pois, des fèves, des lentilles, et rarement on y semait l'asphodèle qu'on n'y fît également pousser des mauves.

Plusieurs auteurs de l'antiquité ont placé l'asphodèle au nombre des plantes qui ornaient les champs élyséens.

Dans quelques parties de l'Écosse, le romarin et l'asphodèle se trouvent réunis dans les bouquets que portent les invités aux convois.

Un asphodèle, désigné par l'épithète de *rameux*, a pour racine des digitations charnues, qui furent servies fréquemment sur les tables des anciens. On les faisait bouillir ou rôtir près du foyer: nous n'avons point conservé cette racine parmi les légumes que l'on apprête dans nos cuisines.

BANANIERS.

LE BANANIER.

C'est l'arbre par excellence des curieux qui visitent les serres des jardins botaniques ; c'est sur lui que s'arrêtent surtout leurs regards, et sa hauteur prodigieuse, quand on la compare à la faiblesse de sa tige herbacée, ne les étonne pas moins que la largeur extraordinaire de ses feuilles. Les proportions de celles-ci sont en tous sens si extrêmes que l'on s'imagina long-temps que nos premiers parens, une fois chassés du paradis terrestre, n'avaient pas eu d'autres habits. Les sauvages les font servir à tapisser l'intérieur et souvent même le dehors de leurs cabanes. Ils font subir à ces feuilles une préparation qui les rend impénétrables à l'humidité.

Le fruit du bananier est savoureux ; les habitans de l'île de Madère en sont très-curieux, et si les Portugais refusent parfois d'en manger, c'est qu'ils s'imaginent avoir remarqué dans sa coupe transversale une croix, et que chez eux la superstition est plus forte que la gourmandise.

On a attribué à la grande quantité d'eau que contiennent les feuilles du bananier leur propriété reconnue d'éteindre l'incendie. Il fallait plutôt croire qu'elles diminuaient l'énergie du feu, en le comprimant par leur masse. Dans ce cas elles agissent comme l'eau des pompes qui détruit le feu plutôt par la force du jet que par l'humidité.

On pourrait aisément fabriquer du papier avec des feuilles de bananier, et cette plante servirait mieux peut-être pour ce but que celle appelée *codda-para*, et qui très-long-temps a seule fourni les feuillets des livres qu'on voyait au Malabar. On fait avec les feuilles des bananiers des parasols et des éventails.

MORRÈNES.

LA VALISNÉRIE.

En nous occupant des plantes en général
nous avons omis de dire que les pistils (organe femelle) et les étamines (organe mâle)
ne se trouvent pas toujours renfermés dans la
même corolle et pour ainsi dire dans le même
lit et sous les mêmes rideaux ; quelquefois un
arbuste a des fleurs qui contiennent l'organe
mâle , tandis que d'autres contiennent l'organe
femelle ; d'autres fois encore les fleurs mâles
et les fleurs femelles ne se rencontrent jamais
sur le même pied , et c'est ce qui arrive dans
la *Valisnérie*, plante que l'on rencontre dans
l'Europe méridionale. Les fleurs femelles sont
portées sur des tiges en spirale qui, resserrées,
les retiennent sous l'eau, mais qui se déroulent
et les élèvent à la surface du fleuve lorsqu'elles
sont sur le point de s'épanouir. Les fleurs mâles,
qui deviennent alors nécessaires à la fécondation , se détachent naturellement de la plante
qui les porte , et comme la valisnérie est aquatique , elles sont entraînées par les eaux et

viennent flotter autour des fleurs femelles......
La fécondation s'opère et aussitôt les pédoncules en spirale de la plante femelle retirent
les fleurs sous les eaux où le fruit doit se développer et mûrir.

Dans son poëme des *Trois Règnes*, Delille
raconte ainsi ce phénomène :

Eh ! même dans le sein de l'humide séjour,
Les peuples végétaux n'ont-ils pas leur amour ?
Je t'en prends à témoin, ô toi, plante fameuse,
Que le Rhône soutient sur son onde écumeuse !
Même lieu n'unit point les deux sexes divers ;
Le mâle dans les eaux cachant ses épis verts,
Y végète ignoré ; sur la face de l'onde,
Son épouse, suivant sa course vagabonde,
Y goûte, errant au gré des vents officieux,
Et les bienfaits de l'air et la clarté des cieux.
Mais des flots paternels la barrière jalouse
Vainement de l'époux a séparé l'épouse ;
L'un vers l'autre bientôt leur sexe est rappelé :
Le temps vient, l'amour presse et l'instinct a parlé.
Alors prêts à former l'union conjugale,
Les amans élancés de leur couche natale
Montent, et sur les flots confidens de leurs feux,
Forment à leur amante un cortége nombreux.
L'épouse attend l'époux que l'onde lui ramène ;
Zéphir à leurs amours prête sa molle haleine ;
Le flot les réunit, la fleur s'ouvre et soudain
L'espoir de sa famille a volé dans son sein.
L'amour a-t-il rempli les vœux de l'hyménée ?
Sûre de ses trésors, la plante fortunée,
Prête à donner aux eaux de nouveaux citoyens,
De ses plis tortueux raccourcit les lions,

Redescend dans le fleuve et sur la molle arène
De sa postérité s'en va mûrir la graine,
Attendant qu'elle vienne au milieu de sa cour
Retrouver le printemps, le soleil et l'amour.

De la fécondation ; des différens moyens que la nature emploie pour l'opérer.

Sans prêter aux plantes, dans l'acte de la fécondation des mouvemens qui dénoteraient chez elles un certain degré de sensibilité, reconnaissons toutefois que pour être purement mécanique ce phénomène n'en est pas moins surprenant. Quelle précision dans l'époque où les plantes s'unissent ! quels effets sont produits par cet hymen ! Les stigmates (1) s'entr'ouvrent et les anthères (2) se crèvent afin de les remplir du pollen ou poussière fécondante. Mais admirons jusqu'où va la prévoyance de la nature. Dans la fleur où les organes mâles et femelles sont réunis, le pistil est ordinairement placé plus bas que les étamines et ne peut manquer d'être fécondé ; mais s'il est plus élevé, la fleur se renverse au jour de la fécon-

____

(1) Ouverture évasée, espèce de bouche qui termine le *pistil*.

(2) Petits sacs diversement configurés, qui sont tantôt au fond de la fleur et tantôt s'élèvent supportés par des filets blancs et déliés.

dation, lors même qu'elle ne l'est pas habituellement, et le pollen, en s'échappant et en tombant, rencontre nécessairement le stigmate :
enfin si la fleur, comme il arrive quelquefois,
reste droite, c'est que la petite capsule où
est renfermée la poussière fécondante, est
douée d'une force élastique assez grande
pour la lancer en l'air, de manière qu'elle
rencontre en retombant le sommet du pistil.
Les organes de l'un et de l'autre sexe sont-ils
de même longueur, il devient à peu près égal
que la fleur soit droite ou penchée ; aussi ob-
serve-t-elle alors indifféremment l'une ou
l'autre de ces deux positions.

Tout se réunit pour faire de l'époque de la
fécondation un moment brillant pour le végétal. La chaleur est accrue dans ses rameaux,
et ses couleurs prennent un éclat qu'elles n'eurent jamais auparavant.

Lorsque la plante femelle est éloignée de
la plante mâle, les vents sont chargés du mes-
sage de l'hymen. Ils enlèvent la poussière d'un
des arbustes et vont la porter sur l'autre.
Long-temps on prit pour des pluies de soufre
la poussière fécondante des pins que le vent
transportait ainsi.

Les insectes servent également à la reproduction, lorsque les sexes sont séparés, quoi-

que sur le même pied. Il est rare que l'abeille ne voltige pas d'une fleur mâle à une fleur femelle. Elle paraît avoir revêtu une robe de pourpre ; c'est le pollen fécondant dont elle s'est couverte, et ainsi elle devient le messager ignorant des plus fidèles amours.

Les fleurs se flétrissent après la fécondation ; aussi celles chez qui les étamines ont été métamorphosées en pétales par la culture, et qui par conséquent ne peuvent plus produire , jouissent-elles d'une durée beaucoup plus longue.

Castel, dans son poëme des plantes, célèbre ainsi le mystère de la fécondation :

L'Amour d'un nouveau myrte a couronné sa tête ;
Du plus charmant empire il a fait la conquête ;
Le monde végétal obéit à sa voix ,
Et les fleurs comme nous ont reconnu ses lois.
Dans des tentes d'azur, de rubis et d'opale,
Vénus a préparé sa couche nuptiale.
Les plantes qu'agitaient seulement les zéphirs ,
Par d'autres mouvemens témoignent leurs désirs.
On les voit se pencher, s'entr'ouvrir, se sourire
Et confondre les feux que l'amour leur inspire.

LAURIERS.

—

LE LAURIER.

Rien de plus beau que la vertu, et la mythologie toujours si remplie d'images riantes, de tableaux de plaisir et de licence, n'a pu se refuser à consacrer par une fable la candeur chez une jeune fille, et cette sévérité de mœurs qui rend l'âme plus forte que les séductions.

Daphné est jeune et assez jolie pour mériter les hommages d'un dieu ; mais en vain Apollon, le bel Apollon dont la chevelure blonde et bouclée flottait sur des épaules d'ivoire, veut, en l'élevant à lui, la rendre indigne de ses jeunes compagnes et lui faire acheter par une faute ses faveurs et son amour : Daphné s'enfuit ; elle ne retourne point la tête, et cependant le dieu qui la poursuit lui répète qu'il est le plus éloquent des orateurs, qu'il connaît le pouvoir magique ou salutaire de toutes les plantes, et que sa science égale tous les trésors,..... Daphné est sur le point de tomber entre ses mains ; mais elle invoque son père, elle conjure tous les dieux, et les dieux touchés de sa frayeur la changent en laurier.

Le laurier depuis lors fut un signe propice, et comme on en mettait les branches sous les coussins du lit pour inviter aux songes rians ceux qui s'y reposaient, on en plantait autour des maisons pour appeler sur elles les faveurs du destin. On entourait de lauriers les propositions de paix confiées aux ambassadeurs, et parmi les moissons on espérait davantage de celles au milieu desquelles s'élevaient quelques tiges de cet arbre : elles devaient être plus abondantes et respectées par la foudre. Il était plus probable encore qu'elles n'auraient point à redouter un soleil trop ardent, car Apollon qui conduit cet astre ne pouvait, sans preuve d'inconstance, refuser sa protection aux champs qui s'offraient à lui sous la livrée de ses amours.

Chez les poëtes de l'antiquité on retrouve partout le laurier, symbole de toutes les gloires, récompense de tous les sacrifices. Si Homère chante ses vers aux bergers qui lui accordent l'hospitalité, c'est sous un laurier qu'il leur raconte les combats du siége d'Ilion. Si Virgile peint le roi de cette malheureuse ville réfugié avec sa famille au fond de son palais, et tenant embrassé l'autel de ses dieux domestiques, c'est un laurier qui s'élève du pied de cet autel et qui l'ombrage de ses rameaux.

Au mot *porte-laurier* l'*Encyclopédie* donne les détails suivans sur une fête religieusement observée en Béotie, et dans laquelle cet arbre jouait un premier rôle :.

« Polémathas, chef des Béotiens, vit en songe un jeune garçon qui lui faisait présent d'une armure complète, avec ordre de consacrer, tous les neuf ans, des lauriers à Apollon, et trois jours après ce songe, ce général défit ses ennemis. Il eut soin de célébrer la fête ordonnée et la coutume s'en établit. Voici maintenant en quoi consistait cette fête : on prenait le bois d'un olivier, on le couronnait de lauriers et de diverses fleurs, et on en décorait le sommet d'une sphère de cuivre, à laquelle on en suspendait d'autres plus petites. Le milieu de ce bois était environné de couronnes pourpres, moindres que celles qui en ornaient le sommet, et le bas en était enveloppé d'une étoffe à franges de couleur jaune. La sphère supérieure désignait le soleil, Apollon ; la seconde représentait la lune ; et les autres plus petites les planètes et les étoiles. Les couronnes, au nombre de trois cent soixante-cinq, figuraient les trois cent soixante-cinq jours de l'année ; ce qui nous prouve que la révolution annuelle du globe était déjà observée.

« Un jeune homme qui représentait celui vu en songe la veille du combat, menait la marche, et son plus proche parent portait devant lui l'olivier couronné. Le jeune garçon le suivait l'olivier à la main, les cheveux épars, la couronne sur la tête ; il était revêtu d'une tunique brillante qui lui descendait jusqu'aux pieds ; suivait un chœur de jeunes filles portant des branches de laurier ; chantant des hymnes en équipage de suppliantes, et la procession se terminait au temple d'Apollon Isménien. »

On voit sur le tombeau de Virgile, près de Naples, un laurier auquel on a tenté d'attacher quelque peu de merveilleux et quelqu'intérêt magique, en cachant avec soin qu'il y ait été planté. On espérait surtout le rendre miraculeux, en rappelant que Maïa, mère du chantre d'Énée, a rêvé qu'elle avait conçu une branche de laurier, alors qu'elle était enceinte du poëte ; mais la naïveté de quelques habitans des villages voisins a été seule la dupe d'un prétendu prodige auquel ne manquent pas d'ajouter foi les guides qui conduisent vers ce tombeau la curiosité du voyageur.

Parmi les gens de la campagne, il en est beaucoup qui croient que, dans la nuit du vendredi-saint, un ange vient couper une branche de chaque laurier pour la cérémonie des rameaux.

Nous devons à une espèce de laurier l'un de nos assaisonnemens les plus employés et une des substances dont le commerce d'épiceries fait un plus grand débit, la canelle. Un autre laurier désigné par les botanistes sous le nom de *laurus sassafras*, et dans le commerce sous celui de *sassafras* seulement, est employé par la médecine pour masquer les odeurs désagréables des potions pharmaceutiques.

Quelques auteurs rapportent que cette odeur du sassafras, qui est très-forte et très-diffusible, fut une de celles que *Christophe-Colomb* crut sentir lorsqu'il approchait du Nouveau-Monde, et avant même qu'il n'eût aperçu les terres. Ainsi le laurier sassafras serait pour quelque chose dans cette découverte si fertile en trésors de toute espèce ; trésors que l'avidité européenne a conquis, il est vrai, parmi les massacres et au milieu des plus grandes horreurs.

JASMINÉES.

L'OLIVIER.

Aristée, ce jeune berger, fils de Cyrène et d'Apollon, dont la douleur est si touchante lors de la destruction de ses abeilles, et qui fournit à Virgile le plus gracieux de ses épisodes, n'était pas moins habile dans la culture de l'olivier que dans la construction des ruches. Les bergers plantèrent cet arbuste autour de son tombeau et conservèrent long-temps le souvenir des leçons utiles qu'il leur avait données.

Dans la querelle que Neptune et Minerve eurent ensemble, lorsqu'il s'agit de donner un nom à la ville de Laomédon, on se rappelle que la déesse de la sagesse fit sortir de terre un olivier couvert de fruits mûrs, tandis que le roi des eaux, ouvrant le sol d'un coup de trident, donna naissance à un cheval fougueux. On n'a pas oublié non plus que Minerve eut l'avantage et que le symbole de la paix et de l'abondance parut préférable à ce coursier, image vivante de la force et du courage, mais ami des combats.

Hercule ayant jeté sa massue en terre devant l'autel de Mercure, à Trezènes, on la vit tout à coup attachée au sol par des racines; il y poussa des feuilles et elle fut enfin changée en olivier. Cet arbre devint un objet de vénération pour tous ceux qui approchaient de l'autel de Mercure, où l'on se servit de ses branches pour y faire des aspersions.

Le bois de l'olivier était au temps d'Homère employé, comme le plus précieux, pour les armes des princes et des chefs des armées; aussi dans son *Odyssée* il suppose un manche d'olivier à une cognée d'acier, que Calypso donne à Ulysse ; il fait la massue du géant Polyphème du tronc vert d'un olivier, et dans son *Iliade*, il décrit au nombre des armes que Ménélas enlève à Pisandre, après l'avoir tué, une hache d'airain, embellie d'un long manche d'olivier poli. Enfin, le lit nuptial d'Ulysse avait pour principale colonne le tronc d'un olivier, autour duquel on avait bâti la chambre de Pénélope.

L'olivier fut de tout temps l'ornement des fronts savans. Le vainqueur, dans les jeux gymniques, était couronné d'olivier, et les *Flamines*, prêtres de Jupiter, portaient, outre leur bonnet blanc (*albogalerus*), deux branches d'olivier qui partaient de la nuque et venaient se réunir sur le milieu du front. Les guerriers qui avaient bien mérité de leurs concitoyens et qui obtenaient un trépas glorieux en combattant pour la liberté, étaient à Sparte ensevelis avec pompe et leurs corps étaient couverts de rameaux d'olivier.

Thésée, avant de partir pour la Crète, fit un vœu qui fut long-temps observé, même après sa mort. Chaque année, ainsi qu'il l'avait promis, des députés se rendaient à Délos pour y faire des sacrifices à Apollon. Les mâts du vaisseau, les envoyés et les présens étaient ornés de branches d'olivier, et pour purifier les rues de la ville par où le cortége passait, on répandait les eaux lustrales, se servant pour cela de quelques-unes de ces branches qui avaient été apportées par le vaisseau.

Miltiade, vainqueur, demanda pour toute récompense de ses exploits d'avoir le droit de porter une couronne d'olivier consacré.

L'olivier est un des arbres dont l'écriture sainte fait le plus souvent mention.

Lorsque les eaux du déluge se retirent, c'est un rameau d'olivier que la colombe, partie de l'arche, apporte à Noé ; et c'est ainsi qu'il apprend qu'à peu de distance les terres sont à découvert et que *l'arc-en-ciel*, dont les couleurs brillent à ses yeux, ne lui a point fait espérer en vain la clémence du Seigneur pour lui, pour les siens et pour toutes les races qu'il a sauvées.

L'huile que fournit l'olive, mêlée à un vin pur, sert de baume au lévite, et c'est avec cette composition toute simple, mais à la fois adoucissante et fortifiante, qu'il lave les blessures du voyageur.

L'huile d'olive est résolutive, émolliente, et elle entre dans beaucoup de baumes, d'onguens. C'est un antidote certain contre l'arsenic avalé récemment et en petite quantité. Elle calme les douleurs causées par les plaies et par les inflammations.

Du temps de Jacob, on tirait déjà de l'huile de l'olive, et en Grèce, les athlètes, pour rendre leurs mouvemens plus souples et donner moins de prise à leurs adversaires, se frottaient tout le corps avec une huile extraite des olives encore vertes et appelée *omphacine* par les anciens.

LE FRÊNE.

Jadis on faisait en frêne les manches des haches d'arme. Dans les sermens que faisaient aux dames de leur pensée les chevaliers les plus courtois, ils juraient par le frêne.

Une des allégories les mieux suivies que la superstition ait inventée, est assurément celle du frêne miraculeux d'*Edda*.

Le tronc ceint de serpens, cet arbre symbolique avait son sommet dans les cieux et ses racines au fond des enfers. Un aigle était posé sur une de ses principales branches et représentait la force et la vigilance ; un écureuil courant sans cesse d'une extrémité de l'arbre à l'autre, signifiait une grande promptitude d'exécution, et trois vierges qui arrosaient le frêne avec l'eau d'une source voisine, semblaient donner à entendre qu'aucuns services ne devaient être jamais rendus qu'avec une grande pureté d'intention.

Ce frêne fut appelé aussi quelquefois, comme le pommier de l'écriture sainte, *l'arbre de la science du bien et du mal.*

GATTILIERS.

LA VERVEINE.

La verveine est une de ces plantes qui, en passant de l'antiquité jusqu'à nous, ont conservé toujours le même nom. La verveine a été désignée d'une manière si précise, qu'il eût été impossible de se méprendre, et cependant il nous reste à expliquer comment les anciens se faisaient des couronnes avec ses branches vertes, dont les fleurs sont à peine visibles, et comment cette verveine, d'un si triste aspect, devenait l'ornement des tables dans les festins.

On employait la verveine pour nettoyer les autels des dieux, et trempée dans les eaux lustrales, elle servait aux aspersions.

On attribuait à la verveine la propriété très-peu prouvée, même aujourd'hui où nos médecins la recommandent dans le même but, d'enlever les douleurs. Il faut, pour qu'elle calme dans ce cas, l'appliquer sur l'endroit souffrant, après l'avoir fait rôtir ou infuser.

On crut autrefois que la verveine avait le pouvoir de réconcilier les ennemis. Si cette force surnaturelle était prouvée, il faudrait semer tout le globe de cette plante amie.

La verveine était aussi en vénération chez les mages, et ils faisaient entrer des branches de cette plante dans leurs sacrifices au soleil.

Il est peu de campagnes en France où la verveine ne soit abondante.

Le *Grand Albert*, parmi ses mille et une recettes miraculeuses, en a écrit un grand nombre qui toutes exigent l'emploi de la verveine ; malheureusement il faut des ingrédiens plus difficiles à trouver, et l'impossibilité de se les procurer, rend l'essai impraticable. Cela suffirait seul pour prouver aux gens crédules combien peu de créance méritent ceux qui s'occupent de magie.

SOLANÉES.

LA MANDRAGORE.

Il est peu de plantes qui justifient mieux que celle-ci ce que nous avons dit en parlant de cette harmonie que la nature semble avoir constamment observée entre l'aspect des végétaux et leurs propriétés : la mandragore a des propriétés nuisibles ; elle est d'une odeur désagréable et d'un goût repoussant. Il semble que l'homme n'ayant pas cet instinct, ces pressentimens qui ne trompent jamais la brute, avait besoin d'être averti, conseillé par ses sens, par ces gardiens de son corps, que la nature tient toujours éveillés dans l'intérêt de sa conservation. Elle ne se cache que pour faire du bien, cette nature infiniment sage, ce dieu répandu dans toutes ses créations. Il nous dérobe le mystère de la reproduction de nos alimens dans le pépin du fruit qui nous désaltère, dans le grain de blé qui nous nourrit; mais si parfois sa puissance créatrice jette à côté de l'aliment un poison nécessaire dans l'ordre universel, mais qui ne doit être employé par nous que comme médicament, il le signale à nos yeux par des couleurs sombres et une forme peu agréable ; si nous refusons d'y voir, il nous prévient par une odeur fétide et nauséabonde ; sommes-nous indifférens à ce second avertissement, portons - nous sous une dent avide le fruit mortel......, notre salut est encore le bienfait de sa prévoyance, et une saveur amère ou d'une extrême fadeur nous le fait rejeter avec dégoût ! Qui se tromperait à l'aspect de la mandragore, qui ne reconnaîtrait une plante malfaisante ? La couleur de ses feuilles est un vert brunâtre ; ses fleurs semblent par leur teinte morte avoir passé à l'épreuve du feu, et toute la plante, petite et mal distribuée dans ses rameaux, n'a rien que de lourd et de difforme.

Les Germains faisaient des petites statues avec la racine de la mandragore, et poussaient l'idolâtrie jusqu'à faire de ces dieux, qu'ils fabriquaient eux-mêmes, l'objet d'un culte fidèle et leurs génies domestiques. Ils les plaçaient sur un autel dressé dans le lieu le plus retiré de la maison, avaient grand soin de les laver tous les jours avec du vin, de leur servir à manger et de les consulter sur toutes leurs affaires et publiques et particulières. Ils s'imaginaient obtenir des réponses en expliquant certains signes ; par exemple, si les petites figures séchaient en moins de temps un jour que l'autre après leurs libations, si le premier endroit sec était voisin de leur tête ou de leurs pieds, etc., etc.

La mandragore étant une de ces plantes qui ont fourni le plus matière aux interprétations superstitieuses, nous saisirons l'occasion de placer ici quelques pratiques non moins ridicules qui provenaient de la même ignorance, et du même amour pour le merveilleux.

De quelques plantes qui ont servi à des pratiques superstitieuses.

La ressemblance que, malgré le démenti de leurs yeux, les charlatans s'obstinaient à vouloir trouver entre la figure de l'homme et les formes de la racine de mandragore, est une des causes du crédit que l'absurdité de leurs contes ne manqua point d'obtenir. Une plante ayant forme humaine ne pouvait être qu'une plante capable de produire les plus grands sortiléges. La mandragore est encore employée par quelques bergers, mais elle ne cause plus de frayeur à ceux auxquels ils la montrent.

Souvent un rapprochement réel entre deux formes à peu près semblables, a contribué à mettre en circulation des préjugés qu'ensuite la crédulité s'est chargée de soutenir. Ainsi on crut long-temps qu'une plante des *borraginées*, la pulmonaire, était salutaire contre les maladies de poitrine, parce que ses feuilles sont tachetées à peu près comme la masse des poumons ; d'autres recommandèrent contre la pierre le *lithospermum*, seulement parce que ses graines ont la dureté du marbre. Le *sang-dragon*, substance extraite à la fois du *dracæna draco* et du *pterocarpus draco*, n'a peut-être dû, non plus qu'à sa couleur rougeâtre, d'avoir été employé, et sans un succès prouvé, contre les crachemens de sang.

Ces superstitions sont d'ailleurs pardonnables ; quand l'homme souffre, il peut avoir dans les remèdes une confiance aveugle ; mais il n'est rien à mon avis de plus coupable, de plus ridicule que les chimères inventées à plaisir par le charlatanisme et dont la multitude se repaît. Combien de plantes fort insignifiantes d'ailleurs sont devenues célébres par ce penchant de l'homme à négliger de faire usage de sa raison, pour se livrer à des pratiques mystérieuses. La noix muscade, non celle qui sert comme assaisonnement, mais une autre tout à fait inutile, était recherchée à une certaine époque avec beaucoup d'empressement par des gens qui voulaient, en la faisant entrer dans la préparation de plusieurs philtres, opérer des prodiges. Le *topoo* est dans le pays de Siam, environné de guirlandes, et le peuple prend beaucoup de soin de sa culture (quoique son fruit insipide ne saurait convenir même aux oiseaux), parce que, selon une tradition, un dieu, protecteur de Siam, a passé sous son ombre. Les habitans de l'île d'Amboine ne sont pas moins ridicules lorsqu'ils affirment très-sérieusement que des feuilles de *bancal* quelque temps renfermées dans les mains d'une personne, lui font perdre la vue. Le premier arbre venu est investi par les habitans des îles Moluques du pouvoir de prédire les événemens. Voici comment ils s'y prennent. Lorsqu'ils désirent, par exemple, connaître quelle sera pour eux l'issue d'une guerre, ils ouvrent l'arbre d'un grand coup de hache et laissent le fer dans la plaie. S'il remue de lui-même, ils doivent rentrer victorieux dans leurs foyers; s'il reste dans une immobilité parfaite, le triomphe est réservé à leurs ennemis. Il est rare, dans ce dernier cas, qu'ils se mettent en campagne. Dans ce même pays fécond en rêveries du même genre, on s'est imaginé que le crocodile redoutait les branches d'un arbrisseau nommé *bambam*. Les

chasseurs ne manquent jamais de s'en munir,
puis ils approchent le crocodile sans aucune
crainte......., et ils sont mangés comme s'ils
n'avaient pris aucune précaution. Mais au reste
pourquoi s'étonner de voir si peu de traces de
bon sens et tant de vestiges d'extravagance
parmi ces peuplades qui croient être primitivement sorties des troncs des plus gros bambous.

Les Macassars ont coutume de broyer des
feuilles de *daun* et d'en répandre le suc sur
les yeux de leurs enfans. Ils s'imaginent par
là leur donner du courage, de la force et de
la prudence. A Cayenne, ce n'est point au
daun mais à un autre végétal l'*épetit*, que ces
mêmes qualités sont accordées. On en frotte
le nez des jeunes chiens, dans l'intention de
les rendre actifs, plus propres à la chasse et
plus attachés à leur maître. On dit d'un servi-
teur fidèle aux intérêts de celui qui le paie,
qu'il a mangé de l'épetit. Les nègres au Séné-
gal révèrent le *ded*, et leur confiance est telle
dans le pouvoir de cet arbre, que, le tenant
embrassé, ils permettraient de tirer sur eux
des flèches empoisonnées et se croiraient à
l'abri de tout danger.

En France même, où la civilisation est
parvenue à son plus haut degré de perfectionnement, où des savans réunis en sociétés

répandent les connaissances, comme un foyer de lumière jette au loin des rayons, on trouve encore parmi les dernières classes de la société des erreurs que jamais peut-être on ne pourra déraciner. L'année de la mort d'Henri IV, un mai, planté devant le Louvre, tomba tout à coup, et ce présage fut regardé, après l'événement, comme le précurseur nécessaire de la mort du roi. Il y a tous les jours des rapprochemens semblables qui, dans les familles, sont interprétés de la même manière, et contre l'opinion qui s'en établit, tous les raisonnemens imaginables resteraient sans effet. Dans quelques provinces, on a coutume de planter un arbre le jour où naît un enfant, et s'imaginant avoir ainsi établi une correspondance entre son enfant et la plante, le père ne manque pas de faire des plaies à celle-ci, pour y attirer les douleurs que son autre élève peut éprouver.

CHICORACÉES.

LA LAITUE.

Cambyse, cruel envers sa famille comme envers ses sujets, avait fait donner la mort au mage Smerdis, son frère, et au mépris des lois, il avait épousé sa sœur. Celle-ci qui n'avait cédé qu'à la violence, ne pouvait chasser de son esprit le malheureux Smerdis. Un jour qu'à table elle avait enlevé la moitié des feuilles d'un pied de laitue, Cambyse remarquant que la plante était plus belle avant d'avoir perdu cet ornement, « C'est comme notre famille, reprit-elle; elle était plus digne avant que vous ne l'ayez privée de son plus beau rejeton. » Il n'en fallut pas davantage pour rappeler le prince à sa férocité naturelle. Cette phrase avait réveillé ses remords, et comme ceux qui ont commis le crime ne peuvent chasser le remords que par des crimes nouveaux, il résolut de faire périr sa sœur. C'est Hérodote qui nous a transmis ce fait qui au reste pourrait bien être de son invention.

De l'influence de la culture sur les propriétés du végétal.

La laitue, qui fournit à nos salades pendant une grande partie de l'année, était vénéneuse; et les propriétés que la médecine trouve dans le suc de cette plante viennent de cette énergie léthifère (1) qu'elle avait dans le principe. La culture l'a rendue nourrissante de dangereuse qu'elle était. Ainsi l'étude et la morale rendent parfois utile à ses semblables l'homme qui, livré à ses penchans, eût été le fléau de la société.

La culture, en greffant un végétal sur un autre, obtient du composé qui résulte de cette espèce d'association des fruits qui ont un goût particulier; elle donne en outre aux fruits sauvages plus de saveur. Si on arrose l'arbuste qui les produit, ils ne tardent point à devenir plus gros, plus nombreux et plus succulens. Quelle différence n'existe-t-il pas entre la prune sauvage et celle de nos jardins : la première est petite, amère et couverte d'une peau épaisse et coriace; la seconde, au contraire, revêtue à peine d'une pellicule légère, qu'une poudre glauque couvre d'un doux velouté, est d'une

---

(1) Qui donne la mort : *ferre*, porter, *lethum*, mort.

saveur douce et sucrée, et ce qui rend la métamorphose plus admirable encore, c'est que
le noyau doit produire un prunier qui, même
abandonné du jardinier, se couvrirait encore
de fruits aussi gros et aussi succulens.

Le chou est encore transformé d'une manière aussi avantageuse : Au lieu de ces feuilles
vertes et presque ligneuses qu'il lancerait de
tous côtés au milieu d'une terre inculte, il
nous offre dans nos potagers des feuilles serrées l'une contre l'autre, qui se recouvrent,
se protégent et dont la blancheur et la succu-
lence se prêtent à toutes les combinaisons de
l'art culinaire. Il est en outre des plantes qui
nous servent comme assaisonnemens et qui,
n'étant point mitigées par la culture, rede-
viendraient de véritables poisons:

C'est sur les fleurs de nos parterres que la
culture agit surtout d'une manière sensible :
que l'on compare à cette rose à cent feuilles,
si bien colorée et répandant un si doux parfum, cette rose des haies, à laquelle elle a
ressemblé avant d'être cultivée. Quelle différence, quelle sécheresse et quelle pauvreté
d'un côté, quelle abondance et quel luxe de
l'autre! Ici des pétales nombreux et du rose le
plus tendre, un parfum exquis et presque
point d'épines ; là des épines acérées et nom-

breuses, des fleurs rares, formées de cinq pétales pâles et sans odeur. Toutes les fleurs subissent des changemens aussi remarquables, et c'est d'ailleurs au seul jardinier que nous devons leurs innombrables variétés, la nature ne produisant que les espèces.

Pour épuiser entièrement le sujet que notre titre annonce, nous n'aurions plus qu'à parler de ces formes heureuses que la serpe fait prendre aux arbres qu'elle émonde; nous exposerions aux regards de nos jeunes lecteurs ces palissades de verdure aussi régulières, aussi impénétrables que les murs; ces arbres fruitiers disposés en espalier et dont toutes les branches reçoivent également les feux du soleil, et enfin ces allées couvertes de berceaux de verdure, et ces tonnelles de fruits et de fleurs, lieux de promenade et de repos.

ARTICHAUDS.

LE CHARDON.

DEUX peintres de l'antiquité ayant été mis au concours, l'un et l'autre apporta son tableau : Le premier avait peint des raisins avec une si parfaite imitation de la nature, que les oiseaux venaient les becqueter ; il croyait avoir mérité le prix, et invitait, avec une sorte d'ironie, son rival à découvrir son tableau. Il l'est, répondit celui-ci, qui en effet s'était borné à peindre un rideau. On jugea que tromper l'œil d'un peintre était plus difficile que de surprendre l'avidité des oiseaux, et la palme demeura au dernier.

Il arriva au peintre Lebrun un fait à peu près semblable. Il avait exposé dans une cour un tableau dans le bas duquel un chardon était peint avec une vérité de détails très-remarquable. Un âne vint à passer et d'un coup de langue il faillit abîmer le tableau, en rendant par sa méprise un hommage bien sincère à son auteur.

Le roi d'Angleterre, George, premier de ce

nom , rétablit un ordre militaire écossais , appelé *l'ordre du chardon*. La fleur de cette plante entourée de piquans aigus, entrait dans la décoration avec cette devise : *Je blesse qui m'offense*. Un duelliste , enorgueilli par un grand nombre de succès et par une inconcevable adresse , avait pris la même devise ; tandis qu'un autre , faisant graver sur son cachet un tir, au centre duquel une balle était arrêtée , avait fait écrire à l'entour : *Elle arrive toujours au but*. On ne dit pas qu'ils se soient rencontrés.

Comme injure , on envoie aux *chardons le fat ignorant*, et le comparant ainsi à l'âne, on ne réfléchit pas que cet animal laborieux, sobre et patient, est de beaucoup préférable à lui. L'âne a trouvé plusieurs défenseurs : ils prouvent l'injustice des épigrammes dont on l'accable ; ils font si bien qu'on estime cet animal utile et qu'on finit presque par l'aimer.

CORYMBYFÈRES.

LE SOUCI.

CETTE plante peu remarquable par son port, très-commune et d'une odeur assez désagréable, n'est à citer que par sa sensibilité aux moindres variations de l'atmosphère.

> Souci simple et modeste, à la cour de Cypris
> En vain sur toi la rose obtient toujours le prix.
> Ta fleur, moins célébrée, a pour moi plus de charmes ;
> L'aurore te forma de ses plus douces larmes.
> Dédaignant des cités les jardins fastueux,
> Tu te plais dans les champs ; aimé des malheureux,
> Tu portes dans les cœurs la douce rêverie ;
> Ton éclat plaît toujours à la mélancolie,
> Et le sage indien, pleurant sur un cercueil,
> De tes fraîches couleurs peint ses habits de deuil.

La fille du célèbre Linné a observé que, dans les mois de juillet et d'août, la fleur du souci, ainsi que celle de la capucine, lançait le soir de petits éclairs et semblait comme entourée d'une auréole phosphorescente. C'est sans doute à la même cause qui rend le souci pour ainsi dire *barométrique*, qu'il faut rapporter ce nouveau phénomène.

II.e PL. — HORLOGE DE FLORE.

Le souci fleurit surtout à l'approche de l'orage. C'est *l'ami de la pluie*, disent nos paysans.

L'horloge de Flore.

Delille que l'on retrouve toujours dès que l'on s'occupe de la nature dont il fut le chantre favorisé, nous a laissé quelques vers qui ont pour objet *l'horloge de Flore.* L'idée principale de cette invention botanique est de réunir sur une même plate-bande des plantes dont les fleurs s'ouvrant et se fermant à des époques différentes, mais précises de la journée, indiquent chacune des heures comme le ferait un cadran. Voici les vers de Delille :

> Je vois avec plaisir cette horloge vivante ;
> Ce n'est plus ce contour où l'aiguille agissante
> Chemine tristement le long d'un triste mur ;
> C'est un cadran semé d'or, de pourpre et d'azur,
> Où d'un air plus riant, en robe diaprée,
> Les filles du printemps mesurent la durée,
> Et nous marquant les jours, les heures, les instans,
> Dans un cercle de fleurs ont enchaîné le temps.

Rien de plus séduisant que l'idée qui a inspiré ces vers. Quoi de plus ingénieux en effet que d'obliger le Temps à nous avertir, pour ainsi dire lui-même, de sa marche, et par les effets qu'il amène dans le règne végétal.

Ces pensées riantes et nouvelles pour Linné, puisqu'il fut le premier qui les publia, durent lui faire éprouver la satisfaction la plus douce. Ce naturaliste avait observé que, depuis le lever du soleil jusqu'à midi, chaque heure du jour pouvait être indiquée comme l'époque précise de l'épanouissement d'une fleur; il nota la fleur, en rapprochant son nom de l'heure à laquelle sa corolle avait coutume de s'ouvrir. Il remarqua ensuite qu'à partir de midi on pouvait, sur l'occlusion des fleurs, établir des rapports tout-à-fait semblables et non moins justes. Il imagina alors de rassembler ces fleurs sous un même coup d'œil, et le résultat de l'expérience ayant été satisfaisant, il communiqua aux sociétés savantes cette *nouvelle aménité botanique* sous le nom d'*horloge de Flore*.

Nous connaissons un grand ami de la botanique, M. D...., propriétaire aux environs de Paris, qui, dans le jardin de sa maison de campagne, voulut un jour vérifier l'horloge du professeur d'Upsal. Voici comme il s'y prit. Il y avait dans un des coins de ce jardin un bassin desséché qu'entourait une plate-bande circulaire. Il fit établir une horloge au centre du bassin dont un cadran occupait toute la surface, puis il plaça sur la plate-bande, au point correspondant de chacune des heures du cadran, la fleur qui devait servir à l'indiquer: ainsi, par exemple, de 4 à 5 heures, le *tragopogon pratense*; de 6 à 7 heures, le *lactuca sativa*; de 11 heures à midi, *l'ornithogalum umbellatum*, et de même ensuite pour les plantes dont les fleurs devaient annoncer d'autres heures par leur occlusion; de midi à une heure, le *portulaca oleracea*, etc., etc., sans oublier le souci qui tenait une place honorable dans l'horloge linnéenne, et qui par cet emploi nous a conduits naturellement à en parler.

Après bien des peines, beaucoup de soins et de grands frais, notre connaisseur eut la satisfaction de réussir et d'offrir à ses amis une séance dont l'intérêt n'était pas moins vif que le spectacle en était amusant. Tout réussit au gré de ses souhaits et les heures furent indiquées à quelques minutes près.

On sent au reste combien une pareille horloge serait inférieure à nos pendules et au cadran solaire. Les difficultés qui peuvent s'offrir dans l'acquisition des plantes qui doivent la composer, les différens états atmosphériques qui peuvent survenir, contrarient souvent l'observateur, et celui qui ne voudrait pas d'autre mesure du temps, serait souvent ex-

posé, comme le dit une phrase populaire, *à
chercher midi à quatorze heures.*

Linné a fait beaucoup pour le plaisir des
étudians, en inventant son horloge, mais il
n'a rien fait pour les besoins de l'homme des
champs.

Le Calendrier de Flore.

Une invention analogue, mais plus exacte
et plus utile, est le *Calendrier de Flore* que
l'on doit au même auteur. Linné ayant observé que les conditions de saison et de température, qui faisaient fleurir telle ou telle
plante, étaient aussi ou contraires ou propices
à tels ou tels travaux de la campagne, imagina de rassembler les plantes qui lui offraient
cette concordance et d'établir un calendrier
où il serait dit, par exemple, *floraison du
daphne mesereum ,* — *époque des semences ,* etc. , et voici comme il raisonnait : Si la
plante fleurit plus tôt qu'à l'ordinaire, c'est
que la saison sera plus avancée qu'elle ne doit
l'être à pareille époque, et les semences pourront donc sans inconvénient avoir lieu plus
tôt; si au contraire elle fleurit plus tard, il
faudrait attendre pour semer; les causes qui
sont contraires à la floraison devant être également nuisibles aux semences. Ainsi, le cul-

tivateur recevait de la nature même le conseil d'agir ou de rester en repos, et mieux averti que par les époques invariables que marque un calendrier ordinaire, il évitait les gelées et tous ces brusques changemens de température qui lui enlèvent si souvent ses espérances et sa fortune.

L'utile venait ici se joindre à l'agréable; mais disons cependant toute notre pensée. Ce calendrier n'existait-il pas pour l'homme des champs, même avant le mémoire de Linné. Le cultivateur est observateur par état, et il n'est pas un paysan qui ne connaisse toutes les conditions atmosphériques beaucoup mieux qu'un physicien, et qui ne prédise d'une manière presqu'infaillible le temps serein ou la pluie, la grêle, le vent ou la gelée : l'expérience et l'habitude sont des guides meilleurs et plus sûrs que la science.

RUBIACÉES.

LE PORTE-CAFÉ.

Le *coffea arabica* ou porte-café est cultivé comme objet de curiosité par quelques savans amateurs de plantes ; on le voit encore dans les serres des jardins publics ; mais il ne saurait se naturaliser en France.

Il n'est point de contes absurdes ou inexacts qui n'aient été imprimés à l'occasion de l'introduction du café en Europe. Chacun voulut parler de cette nouveauté, et de là des erreurs sans nombre. S'il faut au milieu de tant d'écrivains chercher une autorité, on ne saurait, il nous semble, mieux placer sa confiance que dans M. de Jussieu. D'après ce savant naturaliste, le café est primitivement dû aux Hollandais qui l'apportèrent de Moka à Batavia, et de Batavia au jardin d'Amsterdam. M. de *Ressons* l'aurait le premier fait venir de Hollande en France, et c'est au présent qu'il fit à notre jardin des plantes, du seul pied qu'il possédait, qu'on est redevable de l'intérêt général que cette plante ne tarda pas à inspirer. On parla du café comme on parle d'une nouvelle production littéraire, du début d'un premier acteur tragique, d'un événement politique, et ce fut bientôt un sujet tellement à la mode, que l'acquisition des graines de cette plante, venues d'abord par des voies particulières et à un prix excessif, fit toute l'ambition des gens les plus riches et le désespoir de la petite bourgeoisie.

Ce n'est que vers 1670 que l'usage du café fut connu en France; il se répandit beaucoup plus tard, et en 1714, M. Desclieux, lieutenant du roi, porta quelques pieds de cet arbuste à la Martinique.

On raconte à ce sujet une anecdote qui fait honneur au caractère de M. Desclieux. L'eau étant venue à manquer, cet officier se privait de la moitié de sa ration déjà très-peu abondante, pour arroser les plantes confiées à ses soins. La Martinique doit à cette conduite toute loyale et qui tient du dévouement, d'avoir joui plus tôt des richesses que l'introduction du café lui valut peu d'années après.

Les Turcs, les Perses et les Arméniens font un usage familier du café et le prennent, comme nous, en infusion. On raconte de diverses manières les premiers essais qui furent faits de cette plante chez les mahométans. Les uns prétendent qu'un muphti qui désirait passer ses veilles en prières et soutenir les jeûnes les plus rigoureux, ayant senti le besoin d'un excitant, reçut d'un savant arménien la recette du café, et que bientôt après l'usage en devint général. D'autres racontent que le supérieur d'un monastère, dans l'Arabie, ayant ouï dire que les boucs dansaient avec une extrême vivacité après avoir mangé les grains du café, en fit avaler en infusion à ses moines pour les empêcher de sommeiller pendant les offices de nuit, que la liqueur produisit l'effet attendu et fut trouvée si agréable qu'elle devint pour le couvent une bonne fortune. Les moines continuèrent de la prendre chaque jour et la vendirent en poudre, sans dire en quel lieu ils se la procuraient.

Le café moka est l'espèce préférée; celui de la Martinique tient le second rang, et celui de l'île Bourbon n'est à placer qu'en troisième ligne.

Comme toutes les productions qui font époque, en arrivant, inconnues jusqu'alors, au milieu d'un peuple depuis long-temps civilisé, le café trouva des prôneurs et des antagonistes. La dispute s'échauffa, et on finit par obtenir des ordonnances contre lui et par lui faire éprouver une véritable proscription.

Voltaire se rangea parmi ses défenseurs ; ce génie universel trouvait en effet dans la liqueur du moka des inspirations pour tous les genres. Il en prit, dit-on, jusqu'à six tasses par jour, et l'on attribue en partie sa mort à un travail opiniâtre auquel il se livra pendant plusieurs jours et plusieurs nuits, ne se soutenant et ne parvenant à combattre le sommeil que par un abus excessif du café. Une inflammation très-intense se déclara, et la mort, après avoir long-témps balancé, vint frapper de sa faux ce front dont Paris, quelques jours auparavant, avait, selon l'expression de Chénier, con-templé

> . . . . les sillons radieux ,
> Creusés par soixante ans de travaux et de gloire ,
> Et qui d'un siècle entier semblaient tracer l'histoire.

Delille, comme Voltaire, faisait un usage journalier du café ; il était devenu son Hippo-crène : c'est là qu'il puisait ces jolis vers qui parfois nous font soupçonner qu'il n'est pas seulement versificateur, mais qu'il est poëte ; c'est au café, sans le moindre doute, qu'il a dû ceux-ci :

> C'est toi, divin café , dont l'aimable liqueur,
> Sans altérer la tête , épanouit le cœur :
> Aussi quand mon palais est émoussé par l'âge,

Avec plaisir encor je goûte ton breuvage :
Que j'aime à préparer ton nectar précieux !
Nul n'usurpe chez moi ce soin délicieux.
Sur le réchaud brûlant, moi seul tournant ta graine,
A l'or de ta couleur fais succéder l'ébène ;
Moi seul contre la noix qu'arment ses dents de fer,
Je fais, en le broyant, crier ton fruit amer.
Charmé de ton parfum, c'est moi seul qui, dans l'onde,
Infuse à mon foyer ta poussière féconde,
Qui tour à tour calmant, excitant tes bouillons,
Suit d'un œil attentif tes légers tourbillons ;
Enfin, de ta liqueur lentement reposée,
Dans le vase fumant la lie est déposée,
Ma coupe, ton nectar, le miel américain,
Que du suc des roseaux exprima l'Africain,
Tout est prêt : du Japon l'émail reçoit tes ondes
Et seul tu réunis les tributs des deux mondes.
Viens donc, divin nectar, viens donc, inspire-moi ;
Je ne veux qu'un désert, mon Antigone (1) et toi.
A peine j'ai senti ta vapeur odorante,
Soudain de ton climat la chaleur pénétrante
Réveille tous mes sens ; sans trouble, sans chaos,
Mes pensers plus nombreux accourent à grands flots.
Mon idée était triste, aride, dépouillée ;
Elle rit, elle sort richement habillée,
Et je crois, du génie éprouvant le réveil,
Boire, dans chaque goûte, un rayon du soleil.

Le café se prend en infusion à la fin du repas : L'usage est ici d'accord avec la raison ;
comme le café, en excitant l'estomac, peut

---

(1) Déjà affligé d'une cécité presque complète, *Delille*
avait coutume d'appeler ainsi son épouse.

aider à faire la digestion, il est convenable de le prendre au moment où l'on va quitter la table.

Le café vert, moins excitant que celui qui est brûlé, a été employé par un médecin russe contre certaines fièvres appelées intermittentes, parce que, dans l'intervalle de leurs accès, le malade se retrouve presque en état de santé.

A une époque où la France cherchait à se passer des productions exotiques, on a tenté de remplacer le café par la *chicorée* que l'on réduisait en poudre. Beaucoup de personnes en font encore usage; mais le goût et les propriétés de la liqueur ainsi contrefaite sont bien loin encore de faire oublier les graines du caféyer.

En France, nous pourrons obtenir du sucre de nos plantes, parce que c'est une substance qui se rencontre toute formée dans plusieurs végétaux; mais le café, qui est particulier à une seule plante, est un composé qu'il nous sera toujours impossible d'imiter.

CHÈVRE-FEUILLE.

LE LIERRE.

Le lierre représente assez bien cet homme qui, possédant déjà quelque fortune, ne sait point s'en contenter et va chez les autres pour exister à leurs dépens. Cet arbre vit par ses racines ; mais non content des sucs qu'il retire du sol, il étend ses bras au loin et les entortille autour des arbres qui l'environnent. Ses branches sont flexibles ; et il n'irait que leur demander un appui, que sa conduite serait encore pardonnable ; mais il alonge alors des suçoirs qui percent l'écorce et vont puiser chez ses protecteurs des sucs nourriciers. C'est le parasite le plus coupable et je ne sais rien qui me fasse autant de peine que les éloges que les poëtes lui ont si légèrement accordés.

D'abord il parut seul dans les orgies des bacchanales ; mais bientôt après il fut remplacé par le laurier : il a, dit-on, été consacré au dieu du vin, parce qu'il apaise les vapeurs de cette liqueur enivrante. Peut-être pourrait-on trouver un autre motif de ce choix.

Alexandre-le-Grand voulant faire des sacrifices à Bacchus sur la montagne de Nyse, où
ce dieu avait été élevé, ses soldats se couron-
nèrent de lierre pendant les réjouissances,
parce que cette plante, fort commune dans la
Macédoine, leur rappelait leur patrie ; et depuis lors on ne célébra plus de fêtes en l'honneur du fils de Jupiter que le lierre n'y parût.
Le souvenir de la Macédoine le fit choisir une
première fois ; il le fut ensuite en souvenir
d'Alexandre, et l'usage se perpétuant, il finit
par être consacré.

OMBELLIFÈRES.

LA CIGUË.

Il est probable que la ciguë que les Grecs faisaient servir au supplice des condamnés, n'était pas le suc propre de cette plante, mais un breuvage composé de plusieurs substances vénéneuses, parmi lesquelles toutefois la ciguë se trouvait comprise. Au moins cette opinion est-elle appuyée de quelques raisonnemens par la plupart des commentateurs.

Deux plantes de la famille des ombellifères produisent la ciguë. L'une d'elles est parfois confondue dans les jardins avec le persil et cause des méprises funestes ; c'est l'œthusa ou petite ciguë. Au reste, on la reconnaît à trois petites feuilles très-aiguës et très-alongées, qui se remarquent au-dessous de la fleur.

A Céos, la ciguë était bue par les vieillards, lorsqu'ils étaient parvenus à une certaine époque de la vie, au-delà de laquelle un jour d'existence était regardé comme un larcin fait aux dieux : c'était au milieu du plus joyeux festin et dans une coupe couronnée de roses,

qu'ils prenaient le poison. Certes il faut féliciter ceux qui voient la mort d'un œil si tranquille ; mais ceux-là ne sont-ils pas plus sages
et à la fois plus heureux, qui, doués d'une
saine philosophie, ne contrarient point les dé-
crets de la providence, et sortent de la vie,
quand il plaît au ciel de la leur ôter, sans ter-
reurs, sans regrets et sans murmures.

> La mort ne surprend point le sage ;
> Il est toujours prêt à partir ;
> S'étant su lui-même avertir,
> Du temps où l'on se doit résoudre à ce passage.

Il est à remarquer, et mes jeunes lecteurs auront souvent occasion de vérifier la
vérité de notre assertion, que ce n'est que
dans la vraie religion que l'on trouve dans le
bien une juste mesure, que chez elle seule la
vertu est pratiquée pour l'amour de la vertu
même, tandis que dans le paganisme c'est
l'amour-propre, c'est l'ostentation qui semblent
faire naître les belles actions des héros et ré-
compenser les austérités des sages ; mais ce
n'est que chez les élèves de l'école chrétienne,
chez les partisans de la morale évangélique
que l'on trouve la piété sans superstition, la
vigilance sans intérêt, la générosité sans orgueil, le courage sans ambition et la résigna-
tion sans faiblesse : un seul sentiment perfec-

tionne chez eux tous les autres, l'amour du vrai Dieu.

Il arrive souvent en France que l'exécuteur du supplice obtient la dépouille des condamnés, même de leur propre consentement. Chez les anciens on trouva également des hommes faisant métier d'exécuter les jugemens, et conservant, à la vue des victimes, assez de présence d'esprit pour tirer parti de leur agonie. Phocion, condamné avec ses amis à périr par la ciguë, leur avait fait le triste honneur de ne prendre la coupe qu'après eux, et comme il n'y avait plus assez de liqueur et qu'il demandait au bourreau de lui en broyer, celui-ci lui répondit qu'il ne le ferait qu'après avoir été payé........ « Eh bien, voici douze dragmes (1), reprit Phocion; achetons le supplice, puisqu'aujourd'hui tout se vend dans Athènes. »

Philopœmen, qui seul avait osé s'opposer à l'invasion des Romains et défendre la liberté de la Grèce, périt de la même manière que Phocion, victime de son noble dessein. Voici comment Plutarque rend compte de sa fin héroïque :

« Quand l'exécuteur descendit dans le ca-

____

(1) Environ *dix francs* de notre monnaie.

veau, Philopœmen était couché sur son manteau, sans dormir. Dès qu'il vit la lumière et
cet homme près de lui, tenant sa lampe d'une
main et la coupe de poison de l'autre, il se
releva avec peine, à cause de sa grande faiblesse, se mit sur son séant, et, prenant la
coupe, demanda à l'exécuteur s'il n'avait rien
entendu dire de ses cavaliers et surtout de Ly-
cortas. L'exécuteur lui dit qu'il avait ouï dire
qu'ils s'étaient presque tous sauvés. Philopœmen le remercia d'un signe de tête, et le regardant avec douceur : *Tu me donnes là une
bonne nouvelle,* lui dit-il ; *nous ne sommes
donc pas malheureux en tout ;* et sans dire
une parole de plus, sans laisser échapper le
moindre soupir, il but la ciguë et se recoucha
sur son manteau. »

Barthélemy, dans son *Voyage du jeune
Anacharsis,* rapporte la mort de Socrate,
condamné aussi à périr par la ciguë. Nous
croyons ne pas abuser du droit de faire des
digressions, en transcrivant ici ce passage remarquable par la noblesse du style et par la
chaleur du récit.

« Jamais Socrate ne s'était montré à ses
disciples avec tant de patience et de courage :
ils ne pouvaient le voir sans être oppressés par
la douleur, l'écouter sans être pénétrés de

plaisir. Dans un dernier entretien , il leur dit qu'il n'était permis à personne d'attenter à ses jours, parce que, placés sur la terre comme dans un poste, nous ne devons le quitter que par la permission des dieux. De là , passant au dogme de l'immortalité de l'âme , il l'établit par une foule de preuves qui justifiaient ses espérances. Et quand même, disait-il, ces espérances ne seraient pas fondées, outre que les sacrifices qu'elles exigeaient ne m'ont pas empêché d'être le plus heureux des hommes, elles écartent loin de moi les amertumes de la mort, et répandent sur mes derniers momens une joie pure et délicieuse.

« Ainsi, ajouta-t-il, tout homme qui, renonçant aux voluptés, a pris soin d'embellir son âme, non d'ornemens étrangers, mais des ornemens qui lui sont propres, tels que la justice , la tempérance et les autres vertus , doit être plein d'une entière confiance et attendre paisiblement l'heure de son trépas.

« Il passa ensuite dans une petite pièce pour se baigner...... Un moment après, le garde de la prison entra. Socrate, dit-il, je ne m'attends pas aux imprécations dont me chargent ceux à qui je viens annoncer qu'il est temps de prendre le poison. Comme je n'ai jamais vu personne ici qui eût autant de force et de douceur que vous, je suis assuré que vous n'êtes pas fâché contre moi et que vous ne m'attribuez pas votre infortune..... adieu, tâchez de vous soumettre à la nécessité.

« Ses pleurs lui permirent à peine d'achever, et il se retira dans un coin de la prison pour les répandre sans contrainte.

« Adieu, lui répondit Socrate ; je suivrai votre conseil ; et se retournant vers ses amis : Que cet homme a bon cœur ! leur dit-il ; pendant que j'étais ici, il venait quelquefois causer avec moi.....; voyez comme il pleure. Amis, il faut lui obéir; qu'on apporte le poison s'il est prêt ; et s'il ne l'est pas, qu'on le broie.

« Un domestique apporta la coupe fatale. Socrate la prit, et après avoir fait sa prière aux dieux, il l'approcha de sa bouche.

« Ainsi mourut le plus religieux, le plus vertueux et le plus heureux des hommes, le seul peut-être qui, sans crainte d'être démenti, put dire hautement: Je n'ai jamais, ni par mes paroles ni par mes actions, commis la moindre injustice. »

LA FÉRULE.

Une espèce du genre *ferula*, le *ferula assa fœtida*, produit une gomme qui porte le même nom et que les Orientaux mangent avec un plaisir que son odeur nauséeuse et son aspect dégoûtant nous rendra toujours aussi difficile à expliquer qu'à concevoir. La *férule* a servi aux maîtres d'armes pour châtier leurs écoliers, et de là le nom donné à un instrument fourni par un autre règne et remplissant le même but. On trouve cette plante au midi de l'Europe et le long des côtes de la Méditerranée.

La tige très-flexible de la férule fut jadis le sceptre des empereurs du Bas-Empire, et devint par suite de ce choix un des symboles de l'autorité royale.

La férule a très-peu de bois: il servait chez les anciens à fabriquer les petits meubles d'ébénisterie les plus précieux. C'est, dit-on, en férule qu'était la cassette dans laquelle Alexandre avait renfermé les œuvres d'Homère, qu'il portait avec lui dans toutes ses campagnes.

De l'action de la chaleur sur les végétaux.

Une plante de cette même famille, l'*héliantus* des botanistes, appelé la *couronne du soleil*, offre, en tournant sur sa tige, un phénomène fort curieux et facile à observer ; mais ce n'est point seulement lorsque les effets sont aussi apparens qu'il convient de reconnaître un fait, et celui-là a un regard plus savant et un plus grand désir d'apprendre, qui devine en quelque sorte ce même fait, sans qu'il vienne frapper ses yeux: or, il est prouvé que ce qui se passe dans l'héliotrope a lieu dans tous les végétaux à un degré plus ou moins sensible. Il n'est pas une plante que la chaleur ne rende plus féconde, soit en fruits, soit en feuilles, soit en jeunes pousses; il n'en est point une seule qui ne voie sa floraison précipitée ou ralentie par un printemps ou précoce ou tardif. Quelle preuve plus convaincante pourrions-nous apporter à l'appui de cette influence de la chaleur, si ce n'est le fait rapporté par M. Thouin, l'un des directeurs du jardin des plantes de Paris? M. Thouin avait envoyé en Russie de jeunes orangers ; ces arbres furent gelés pendant le voyage, et à leur arrivée, les regardant comme à jamais stériles, celui qui les reçut les abandonna pendant plus de six mois dans une glacière. Au bout de ce temps, une circonstance particulière les ayant exposés à la chaleur atmosphérique, des bourgeons, qu'ils portaient en partant de France, reprirent un nouvel accroissement et finirent bientôt par produire.

On se sert d'ailleurs fréquemment de cette action de la chaleur pour prémunir les végé-

taux venus des pays chauds contre la rigueur
de nos climats, et les serres les environnent
d'une température chaude et artificielle. On
se souviendra long-temps à Bruxelles du désir
qu'eurent les princes d'offrir des fleurs à un
repas donné pendant l'hiver de 1821. On fit
chauffer les serres à un tel degré pour avancer
la floraison, qu'un tuyau de chaleur, qui creva,
détermina un incendie, qui, plus fort que tous
les secours apportés pour le combattre, dé-
vora le palais et les immenses bâtimens des
archives.

Un arbre est-il exposé à la chaleur par un
seul côté, tous les fluides qu'il renferme, tous
les sucs nourriciers qui l'animent se dirigent
de ce côté, et bientôt il en résulte une dispro-
portion dans l'accroissement de ses deux moi-
tiés. Celle exposée au soleil acquiert beaucoup plus que l'autre. Si, par une circonstance
étrangère ou pour en tenter l'expérience, on
élève un mur du côté qui était à découvert, et
qu'on abatte de l'autre tous les obstacles qui
masquaient le végétal, le même effet se re-
produit, mais en sens inverse ; les branches
d'abord arrêtées se développent avec une
grande richesse, et celles auparavant si floris-
santes dépérissent et se renouvellent chaque
saison avec moins de force et moins d'éclat.

C'est la chaleur qui colore les fruits ; aussi, en cachant avec des papiers découpés sous forme de lettres ou d'emblêmes quelques parties d'un fruit exposé au soleil, ces parties ainsi cachées restent blanches, tandis que celles voisines prennent de la couleur, et il en résulte que lorsqu'on retire les papiers, la peau du fruit conserve le dessin très-fidèlement représenté.

L'ACHE.

La douleur d'un père a fait de l'ache une des fleurs consacrées au deuil chez les anciens. Le fils du roi de Némée étant mort de la piqûre que lui fit un serpent sorti de dessous une touffe d'ache, on institua les jeux néméens en l'honneur du prince ; et, dans ces anniversaires funèbres, les vainqueurs parurent couronnés d'ache. De là sans doute on prit l'usage d'en entourer les cercueils : ce fut au reste une coutume très-répandue, puisqu'il en naquit un proverbe. On disait en Grèce d'un malade désespéré : *Il n'a plus besoin que d'ache.*

PAPAVÉRACÉES.

LE PAVOT.

Brutus, voulant sauver les enfans que chaque année on sacrifiait sur les autels de la déesse Mania, pour satisfaire à un oracle cruel qui avait dit : *Il faut sacrifier des têtes, si l'on veut conserver des têtes,* imagina de persuader aux Romains que par des *têtes* l'oracle avait demandé les sommités des pavots qui croissaient aux environs du temple. L'humanité cette fois éleva la voix plus haut que la superstition, et des têtes d'ail remplacèrent les victimes humaines.

On lit dans l'histoire ancienne deux traits parfaitement semblables, et qui deviendraient une leçon de crime pour tous les tyrans, si, pour se livrer à leur cruauté, les bêtes féroces avaient besoin d'une autre leçon que de leur affreux instinct. Périandre, tyran de Corinthe, ayant envoyé demander au tyran de Milet quel moyen il devait prendre pour régner en repos, celui-ci, sans répondre au messager, le conduisit dans un champ et devant

lui coupa les têtes de tous les épis qui s'élevaient au-dessus des autres. Ce conseil ne fut
que trop bien compris et trop bien suivi.

Tarquin ayant demandé à un envoyé de
Porsenna, roi des Étrusques, un avis pareil ; celui-ci lui fit la même réponse. Cette
fois ce fut des têtes de pavot qui furent cou-
pées. Mais Tarquin réussit moins bien que le
tyran de Corinthe. Déjà haï dans Rome, il
voulut en vain mettre à profit cette mesure
barbare : ses premières cruautés le firent chasser de son palais, et il perdit une couronne
qu'il avait inutilement souillée du sang de ses
sujets.

C'est du pavot que l'on retire l'opium. En
Asie on fait des incisions sur la capsule du
papaver somniferum, et le lendemain, avec
un racloir en fer, on recueille le suc laiteux et
mêlé de rosée dont toute la plante est couverte. On réitère plusieurs jours de suite cette
même opération, et l'opium que l'on obtient
ainsi est le plus pur et le plus énergique.
L'opium commun est retiré de la plante que
l'on jette sous le pilon, quand la récolte du lait
opiacé ne peut plus se faire qu'en la broyant.

L'opium le plus pur s'appelle *aphion*. Les
Orientaux le prennent soit en liqueur, soit pour
le brûler sur leurs pipes. Bien qu'il soit un

narcotique très-puissant, ils se l'administrent en petites quantités, et de manière qu'il ne produit d'autre effet sur eux que de leur inspirer une gaîté folle ou un courage extrême. C'est une grande faveur que vous accorde la Sublime-Porte que de vous inviter à prendre *l'aphion*. Cette conduite du grand-seigneur annonce une extrême confiance, et rien n'est plus flatteur pour un ambassadeur qu'une pareille invitation. Pris à forte dose, l'opium, comme tout le monde le sait, est un poison assoupissant, qui produit un sommeil pénible, des sueurs froides et la mort.

Dissémination des semences.

Les moyens que la nature emploie pour répandre les graines sont aussi variés qu'ils sont ingénieux.

Dans le pavot dont nous venons de nous entretenir, c'est la prodigieuse quantité de graines qui assure la conservation de l'espèce. On a calculé que si toutes les graines contenues dans la tête d'un pavot produisaient chacune une plante semblable à la plante mère, et que les graines de ces secondes plantes produisissent pareillement, toute la surface du globe se trouverait couverte de pavots après un assez court espace de temps.

La dissémination des graines est encore utile en ce sens qu'elle empêche qu'une même plante ne se trouve que dans un seul endroit; c'est un moyen dont se sert la Providence pour faire jouir un plus grand nombre de ses créatures d'un même bienfait.

Les quadrupèdes, les insectes et les oiseaux servent plus qu'on ne pense à cette dissémination; ce sont eux surtout qui ont été chargés du transport des semences. L'écureuil, très-friand des graines du pin, frappe la pomme contre les troncs d'arbre, et disséminant les écailles, il répand par ce moyen plus de semences qu'il n'en mange. Les oiseaux n'ont pas reçu le pouvoir de digérer les graines; ils ne digèrent que leurs enveloppes, et rendent la semence proprement dite dans l'état où ils l'ont reçue et prête à germer. La grive porte ainsi sur le chêne les graines qui doivent produire le *guy* parasite que nous y voyons pousser.

Les rats, les marmottes, les corbeaux font sousla terre des magasins de grains qui, cachés aux regards de l'homme, sont destinés à y germer et à produire des végétaux. D'autres graines sont pourvues d'hameçons et s'attachent à la toison des bêtes à laine, qui les transportent et les déposent dans tous les lieux où elles se couchent.

Les cocos à double noix des îles Séchel-
les (1) sont portés par les courans à quatre cents
lieues de la terre où ils sont nés. Un grand
nombre d'autres fruits très-bien fermés sont
construits de manière à voguer, et ce sont les
torrens qui sont chargés de conduire ceux-ci
d'une contrée à l'autre, et de les briser contre
les rochers entre lesquels leurs graines doivent germer.

Enfin, des semences sont disposées de manière à se passer de ces secours étrangers. Les
parois de leur péricarpe (2) sont très-élastiques,
et lancent au loin la graine au moment où ils
se séparent. D'autres appellent les vents à leur
aide : s'abandonnant aux aigrettes soyeuses qui
les couronnent, elles voyagent dans les airs, et,
confiées ainsi aux courans qui les entraînent,
elles peuvent passer du pays où se trouve la
plante mère dans le pays voisin. Ainsi le mouvement vient partout aider la reproduction.

____

(1) Ces îles sont situées dans la mer des Indes, entre
l'île de France et l'embouchure de la mer Rouge.

(2) Enveloppe de la graine : c'est dans la prune, dans
l'abricot, le *noyau;* dans la poire, dans la pomme, les
cloisons coriaces qui environnent les pepins.

ÉRABLES.

L'ÉRABLE.

M. DE CHATEAUBRIANT, dans son *Génie du christianisme*, associe l'érable à fleurs rouges aux douleurs d'une mère qui vient déposer sur ses rameaux le corps de son enfant. Rien n'est plus mélancolique ni plus touchant que ce passage :

« La jeune mère se leva et chercha des yeux, dans le désert embelli par l'aurore, quelque arbre sur les branches duquel elle pût exposer son fils. Elle choisit un érable à fleurs rouges, tout festonné de guirlandes d'apios, et qui exhalait les parfums les plus suaves. D'une main elle en abaissa les rameaux inférieurs ; de l'autre elle y plaça le corps de son enfant ; laissant alors échapper la branche, la branche retourna à sa position naturelle, en emportant la dépouille de l'innocence, cachée dans un feuillage odorant. Oh! que cette coutume indienne est touchante ! Dans leurs tombeaux aériens, ces corps pénétrés de la substance éthérée, enfoncés dans des touffes de verdure et de fleurs, rafraîchis par la rosée, embaumés par les brises, balancés par elles sur la même branche où le rossignol a bâti son nid et fait entendre sa plaintive mélodie ; ces corps ainsi exposés ont perdu toute la laideur du sépulcre. Mais si c'est la dépouille d'une jeune fille que la main d'un amant a suspendue à l'arbre de la mort, si ce sont les restes d'un enfant chéri qu'une mère a placés dans la demeure des petits oiseaux, le charme redouble encore. Arbre américain, qui, portant des corps dans tes rameaux, les éloignes du séjour des hommes, en les rapprochant de celui de Dieu, je me suis arrêté en extase sous ton ombre ! Dans ta sublime allégorie, tu me montrais l'arbre de la vertu ; ses racines croissent dans la poussière de ce monde ; sa cime se perd dans les étoiles du firmament, et ses rameaux sont les seuls échelons par où l'homme, voyageur sur ce globe, puisse monter de la terre au ciel. »

ORANGERS.

—

LE CITRONNIER.

LE fruit du citronnier est encore aujourd'hui porté au milieu de bouquets que les autorités civiles ou militaires tiennent à la main dans les processions religieuses; mais il n'est pas regardé chez nous comme un signe funèbre. Dans le Holstein, les hommes mariés le portent aux funérailles, tandis que les garçons y tiennent une branche de romarin : on ne le rencontre en aucun autre lieu consacré de cette manière.

Le citron est employé dans les fièvres inflammatoires comme boisson, et dans ce cas on le mélange avec le sucre : on donne à la préparation qu'on lui fait subir alors le nom de *limonade cuite.*

Le bois de citronnier des anciens n'est pas celui de l'arbre qui produit le citron; il était beaucoup plus rare et d'une bien plus grande dureté. Cicéron avait une table de six mille francs en bois de citronnier; Asinius Pollion en avait une du même bois qui avait coûté trente mille francs; et on en avait vu estimer une autre jusqu'à cent vingt mille francs. Ce bois, si cher et si recherché, conservait très-long-temps une odeur délicieuse.

Les citronniers et les orangers nous sont en grande partie apportés chaque année par les Génevois et les Provençaux ; quelques-uns cependant sont élevés sur couche par nos jardiniers. Ils préparent une terre, combinée de manière à ce qu'elle ressemble à celle que ces arbres trouvent dans les pays chauds ; ils y sèment des pepins d'orangers sauvages appelés *bigarades*, et au bout de deux ans ils les greffent ; puis transplantent ces jeunes arbustes dans des caisses, en ayant soin, pendant tout le temps de leur éducation, de les transporter tantôt au soleil et tantôt à l'ombre, selon que le besoin l'exige. De tous les arbustes, ce sont ceux qui demandent lo plus de précautions.

L'ORANGER.

L'oranger, dont l'éducation est entravée par un changement brusque dans la température, par un arrosement fait à contre-temps, n'en est pas moins susceptible d'une très-longue vie, dès qu'il a passé ses premières années : âgé de plus de trois cents ans, il peut encore porter des fleurs. On cite comme une preuve de cette longévité un de ces arbres, magnifique par sa force comme par sa forme, et long-temps admiré dans l'orangerie de Versailles. Saisi en 1523 avec les meubles du connétable de Bourbon, il était déjà en France le plus bel arbre de son espèce, et on estimait qu'il était alors âgé de soixante-dix ans; ce qui, joint à deux cent quatre-vingt-dix-huit ans évalués depuis cette époque, porterait son âge à trois cent soixante-huit années. On voit à Fontainebleau plusieurs orangers qui étaient de très-beaux arbres du temps de François Ier, et l'on en montre à Choisy qui ont appartenu à Catherine de Médicis.

L'oranger a un ennemi redoutable qui interrompt souvent sa longue existence; c'est un petit insecte qui ne semble à l'œil qu'un point noir et qui suce le suc de ses feuilles : on ne parvient à s'en délivrer qu'en frottant les parties qui le portent avec une brosse imprégnée de vinaigre.

Jean de Castro fut remarquable par sa bravoure; mais les Portugais oublieraient un jour ses exploits militaires, qu'ils se souviendraient toujours que c'est à lui qu'ils sont redevables du premier oranger qui soit entré dans leur pays et qu'il avait apporté des Indes. Cet oranger devait ensuite leur rapporter des millions, et rendre leurs tributaires des peuples

que leurs armes n'avaient pu forcer à leur
payer des impôts. Trophées immortels comme
le bienfait qui en est l'objet ! triomphes bien
flatteurs, qui ne coûtent point une larme et qui
jamais ne sont ensanglantés !

Le grand Corneille fit pour l'album de Ju-
lie d'Angennes une pièce de vers sur la fleur
d'orange.

VIGNES.

LA VIGNE.

Noé planta la vigne, la cultiva et fut le premier qui enseigna aux hommes l'art de faire le vin. Il sauva un cep du déluge, et la terre le reçut dès sa sortie de l'arche. Certes un pareil bienfait doit nous rendre indulgens à son égard et nous faire pardonner à son intempérance ; mais si la reconnaissance nous empêche de le blâmer , lorsqu'au mépris des lois de Dieu, il s'abandonne à l'ivresse, combien son fils n'est-il pas coupable, lorsque, cessant de respecter chez lui le caractère sacré de père , il ose rire de sa nudité! Dieu punit ce fils impie ; et nous devons tirer d'un pareil exemple cette leçon salutaire : *qu'un père, quelles que soient ses faiblesses, doit toujours paraître vertueux aux yeux de ses enfans !*

Samson, qui seul fit autant de mal aux Philistins que toute une armée, lia plusieurs renards ensemble , et leur ayant attaché des flambeaux à la queue , il les lâcha au milieu des vignes de ses ennemis : tout fut détruit, et dès-lors les Philistins jurèrent que sa mort seule mettrait un terme à leur vengeance. Ils placèrent près de lui une courtisane qui, ayant appris que toute sa force résidait en ses cheveux, les lui coupa pendant son sommeil : il fut ensuite pris sans presque aucune résistance et conduit comme un enfant. Il faudrait ne voir dans cette histoire de Samson qu'une allégorie, qu'elle serait digne encore de nous avoir été transmise. Leçon admirable, où la force, sous les traits de Samson, serait aux prises avec la volupté représentée par Dalila ; conseil salutaire d'éviter les plaisirs et leurs séductions dangereuses, lorsqu'il s'agit de traverser une époque délicate de la vie, ou de conduire jusqu'au succès une périlleuse entreprise !

La vigne est l'arbre de la parabole. En effet, elle est presque toujours citée dans les comparaisons de l'Écriture sainte, entre autres dans cette parabole que Jésus-Christ adresse aux Pharisiens : « Un père a deux fils ; il dit à l'un d'aller travailler à sa vigne, il répond qu'il ne le veut pas et il y va ; l'autre fils, recevant le même ordre, dit qu'il y consent et n'y va pas. » Lequel, demande Jésus, a obéi ? C'est aux hypocrites qui feignaient de suivre sa divine doctrine, et qui se refusaient à vivre

honnêtement, qu'il adressait cette question.
Où trouver cette éloquence toute dramatique,
cette force de pensées et cette simplicité de
style! L'homme ne parviendra jamais à imiter ce sublime ; car déjà il est élevé bien au-
dessus de lui-même, quand il arrive seulement
jusqu'à le sentir.

Ésope allait s'acquitter d'une commission
pour son maître : Où allez-vous? lui demanda-
t-on. Je n'en sais rien, répondit-il ; et comme
on lui répétait plusieurs fois la même question
et qu'il s'obstinait à faire la même réponse,
on se fâcha et on le fit conduire en prison.
Vous voyez bien, reprit-il alors, que j'ignorais
où j'allais. L'intention du fabuliste phrygien
dans cette occasion était sans doute de prouver l'instabilité des choses humaines. L'histoire profane nous a conservé un exemple non
moins frappant de cette incertitude de toutes
les choses futures. Un esclave arcadien prédit
au roi son maître, au moment où il le servait
dans un festin, qu'il ne boirait plus de vin de
sa vigne. Pour faire mentir l'oracle, le roi fit
à l'instant remplir sa coupe. Votre coupe, reprit l'esclave, est encore loin de votre bouche.
A peine achevait-il ces mots, qu'on vint annoncer que le sanglier de Calydon dévastait
le jardin du palais. Le roi sortit pour le com-

battre et périt des coups que lui porta cet animal ; il mourut donc sans avoir bu le vin de
sa vigne, ayant posé sa coupe encore pleine
au moment où il courut à ses armes.

L'assassin de Philippe, père d'Alexandre-
le-Grand et roi de Macédoine , s'embarrassa
dans des branches de vigne, au moment où il
allait échapper aux gardes qui le poursuivaient.
En mémoire de cette circonstance, on rendit
des actions de grâces à Bacchus, le remerciant
d'avoir aidé à saisir le coupable, et une vigne
fut plantée près du tombeau de Philippe.

Ce Spartacus, cet esclave qui faillit com-
mander en maître aux maîtres du monde, et
qui dans la tragédie de Saurin parle avec tant
de hauteur à un consul, envoyé du sénat romain, ne conserva pas long-temps ses avantages et ne jouit que d'un triomphe bien court.
Le sort des armes changea, et les gladiateurs
qui s'étaient réunis sous ses ordres, assiégés
sur le mont Vésuve et cernés de toutes parts,
n'eurent bientôt plus d'autre voie pour la retraite qu'une pente de la montagne, extrêmement rapide et hérissée de pointes de rochers.
La mort était presque inévitable, s'ils se lais-
saient glisser à travers ces escarpemens ; mais
en ne tentant aucun moyen de fuir, la défaite
la plus honteuse et un trépas non moins cer-

tain étaient leur partage. Dans de telles circonstances, il n'est pas un instant à accorder à la réflexion : le choix fut bientôt fait ; plusieurs soldats avaient déjà roulé de rocher en rocher, et tous les autres se disposaient à en faire autant, lorsqu'ils imaginèrent cependant de couper les sarmens des vignes dont les flancs du mont étaient couverts, et d'en faire des échelles. Cet adroit moyen fut leur salut ; ils parvinrent tous à descendre avec ces échelles jusqu'à la plaine ; et pour cette fois au moins ils conservèrent leur vie et l'espoir de nouveaux succès.

Il est quelques provinces dans lesquelles les vendanges sont annoncées par des réjouissances publiques. Il en est d'autres où, lorsqu'elles sont terminées, on va faire des libations avec le vin nouveau sur le vignoble le plus étendu du canton, au sortir de la messe dont la célébration a eu lieu pour remercier le dieu des champs. Cette messe est dite avec le vin nouveau que l'on apporte au prêtre lors de la consécration : usage touchant, où la reconnaissance de l'homme s'élève jusqu'à la munificence du Créateur.

La Bourgogne et la Champagne tirent de la vigne toutes leurs richesses, et leurs vins rapportent à la France des revenus considérables

par l'exportation. Long-temps les gourmets
(on appelle ainsi les personnes qui, par état ou
par sensualité, ont fait de goûter les vins une
étude particulière), les gourmets ont long-temps
été en querelle sur la solution de cette impor-
tante question : lesquels sont préférables des
vins de Champagne ou de Bourgogne ? Les
mémoires écrits à cette occasion furent très-
nombreux; les deux partis épousèrent chacun
leur opinion avec tant de chaleur et la défen-
dirent avec tant d'âcreté et d'humeur , qu'on
aurait pu croire qu'ils étaient remplis du sujet
qu'ils traitaient. Au reste , n'a-t-on pas vu tout
Paris se partager entre deux musiciens, les
défenseurs de *Gluck* tout prêts à en venir aux
mains avec les partisans de *Piccini?* pourquoi
trouverions-nous donc plus étrange que deux
provinces agitassent avec emportement une
question à peu près semblable, et qui d'ailleurs
tenait à des intérêts plus positifs et importait à
un nombre considérable de commerçans?

Un orateur qui, dans une même journée,
avait calmé une rixe populaire et excité au
combat des soldats qui en revinrent victorieux,
fut autorisé à porter, en guise d'armoiries, une
devise qui consistait en une grappe de raisin
autour de laquelle on lisait ces mots : *Il calme,
il échauffe :* cette légende faisant allusion à la

propriété rafraîchissante du raisin en grappe pendant les chaleurs de l'été, et au feu dont il embrase le corps lorsqu'il passe à l'état vineux.

Les plus beaux raisins qui soient apportés dans les marchés de Paris, viennent de Fontainebleau. Il n'est pas de soins que les vignerons de ce pays n'apportent dans la culture de leurs vignes, et lorsqu'on les visite on ne tarde pas à se convaincre que l'intérêt n'est pas leur seul mobile, et qu'ils sont encore guidés par l'émulation. La réputation de leur raisin leur inspire un amour-propre que l'on ne saurait leur reprocher, tant il est fécond en résultats avantageux.

On croit généralement que ce fut un pepin de raisin introduit dans la trachée-artère (1) qui causa la mort d'Anacréon. Il y a cela de consolant, que si cet événement est réellement arrivé, il est probable que le chantre joyeux des festins est mort au milieu d'un repas.

Organes accessoires du végétal.

On appelle ainsi ces parties du végétal qui, livrées presque toujours à une grande irrégularité de formes, ne sont nécessaires ni à la fructi-

---

(1) Conduit cartilagineux par lequel l'air s'introduit dans les poumons et en sort lors de l'expiration.

fication, ni même à l'existence de la plante, et qui, lui étant enlevées ou par les soins d'une longue culture, ou par l'atteinte des insectes et des animaux, ne nuisent en rien à sa conservation.

La vigne est un des végétaux pourvus d'organes accessoires. Elle a de longs filamens tournés en spirale, qu'on appelle *vrilles*, et qui l'aident à attacher ses rameaux le long des murs et des treillages. Ce secours lui a été admirablement fourni par la Providence, vu le besoin qu'elle a de recevoir les rayons du soleil pour que ses grappes puissent mûrir. Ainsi la nature, toujours prévoyante, a donné à la vigne les moyens d'arriver à cette exposition indispensable pour la maturité de ses fruits.

D'autres végétaux ont la surface de leur tige hérissée de poils, et il est à remarquer que par une distribution aussi sage, le choix de ces organes accessoires est toujours approprié à l'état du végétal et à ses besoins. Si la plante est spongieuse et telle que les eaux puissent la désorganiser, ces poils plus rapprochés la garantiront de l'humidité.

Chez les végétaux qui sont exposés à la dent des animaux, les poils sont remplacés par des épines, et si fortes quelquefois qu'elles ont mérité à l'un d'eux, à une espèce d'acacia, le surnom de *féroce*.

On a rangé aussi dans la même classe ces espèces de cornets que l'on remarque dans quelques fleurs, qui sont par exemple sous forme de pistolets dans l'aconit, et qui d'ordinaire renferment le nectar. Ce nectar est un mélange de rosée et d'une humeur particulière, et le plus souvent sucrée, que sécrète la plante.

On pourrait, je crois, appeler également organes accessoires les pétales surabondans des fleurs de nos jardins ; car ces parties sont évidemment produites par la culture. Dans une rose on remarque souvent des pétales à moitié transformés, et on peut se convaincre que ce sont des filets d'étamines ; car souvent le filet épanoui par le bas et coloré porte encore dans sa partie supérieure l'anthère ou sac du pollen.

Des petits grappins sont encore accordés aux plantes rampantes, et leur servent d'abord pour s'attacher et quelquefois aussi pour se nourrir. Ainsi, quand l'homme doué de l'intelligence crée des instrumens pour fournir à tous ses besoins, les végétaux les reçoivent tout préparés des mains de la nature, et, plus heureux que nous, ils n'ont pas à perdre un long temps d'essais entre l'invention et le perfectionnement.

LES CISTES.

—

LA VIOLETTE.

La violette est de toutes les fleurs la plus agréable à cueillir; elle se cache sous les feuilles et nous procure à la fois l'attrait et le charme d'un plaisir cherché et d'un désir satisfait.

Nous devons à la violette un savant botaniste, Jean Bertram, cultivateur dans la Pensylvanie. Cet homme, se livrant au labourage, rencontra par hasard une touffe de violettes; il en cueillit les fleurs, et cette circonstance décida du reste de sa vie. Pendant plusieurs jours il ne quitta point son bouquet, et par une observation minutieuse, prolongée sans mesure et dans laquelle il semblait trouver un extrême plaisir, il s'attacha tellement à l'étude des plantes, qu'il devint botaniste. Lui-même, et sans autre maître qu'un désir insatiable d'apprendre, rectifia les préjugés d'une éducation imparfaite, et apprit le latin qui lui devenait nécessaire pour l'intelligence des auteurs.

Mademoiselle Clairon nous apprend par ses *Mémoires* que si un ennemi acharné de son repos la poursuivit toute sa vie par des détonnations effrayantes, qui sans cesse se faisaient entendre à ses côtés, par des apparitions fantastiques ou des voix mystérieuses, elle n'éprouva pas une moindre constance dans les soins de l'amitié. Ayant laissé apercevoir un jour un désir extrême d'un bouquet de violettes et un plaisir non moins grand de sa possession, celui qui avait eu le bonheur de lui offrir cette fleur lui fit promesse de lui en remettre un bouquet tous les matins. On assure qu'il cultiva cette plante lui-même, et qu'en toute saison et pendant trente années consécutives, il remplit son serment sans la moindre négligence et sans aucune interruption.

Une violette d'argent est au nombre des fleurs qui sont données pour prix dans les jeux floraux.

Valeur symbolique des plantes et surtout des fleurs.

Les fleurs parlent aux yeux : l'image du plaisir nous est offerte par la rose, et la douleur s'est peinte dans la fleur sombre et penchée du glaïeul. De tout temps l'homme a eu recours aux fleurs pour s'exprimer, lorsqu'il

lui était défendu par des obstacles de le faire
autrement, ou lorsqu'il avait à peindre des
sentimens qu'il n'osait expliquer lui-même.

Ainsi le blé fut regardé comme le symbole
de l'abondance. En France, et l'usage en fut
suivi long-temps, on ne bénissait jamais un
vaisseau au moment de le lancer, que le prêtre
n'y répandît des grains de blé, image allégo-
rique de son succès dans les entreprises com-
merciales.

Le *mai* est le symbole d'un amour constant
et pur. Dans les campagnes, encore aujour-
d'hui, l'amant, sur le point d'épouser celle
qu'il aime, va, le 1ᵉʳ mai, dans la nuit,
planter un arbuste devant les fenêtres de sa
maison et le couvre de guirlandes et de couronnes.

Une espèce du même genre que l'arbre qui
produit le *gérofle*, mais plus rare que celle
qui fournit à nos assaisonnemens, est devenue
aux îles *Moluques* le signe de la puissance et
la marque des faveurs du souverain. On dit
en ce pays un chef à deux, à trois clous de
gérofle, comme en Turquie un pacha à deux
et à trois queues.

Sur les côtes du Malabar, il est une plante
qui est regardée comme le symbole de la
royauté, parce que ses fleurs sont disposées,

par rapport aux branches, en forme de diadême.

Au Brésil, les ruptures, les propositions de
société et toutes les idées qui, trop pénibles
ou trop agréables, ont besoin d'être exprimées
par un tiers, le sont au moyen de feuilles
d'arec qui, diversement découpées, rendent
toutes les pensées qu'on leur confie.

Dans l'Orient, où des yeux sans cesse éveillés ne laissent ni aux amans, ni aux hommes
d'état le loisir de se confier leurs secrets, les
fleurs sont employées en qualité d'interprêtes,
et l'on fait plus de bouquets allégoriques au
sérail qu'en aucun lieu du monde.

Nous avons imaginé de ranger ici en trois
classes, et sous la forme d'une table, les divers
sentimens qui peuvent s'exprimer avec les
fleurs.

PREMIÈRE CLASSE.

Accord parfait . . . . *Patience.*
Amitié . . . . *Pomme d'amour.*
Amitié éternelle . . . . . *Pervenche.*
Amour . . . . *Myrte.*
Amour constant . . . . . *Hortensia.*
Amour-propre . . . . . . *Narcisse.*
Attachement . . . . *Violier.*
Beauté, bonté . . . . . . *Laurier rose.*
Bonheur . . . . *Giroflée.*
Bonne foi. . . . . *Romarin.*

Candeur . . . . *Anémone.*
Chaîne invincible. . . . . *Guirlande de fleurs.*
Charme. . . . . *Fleur d'abricot.*
Confiance. . . . . *Iris bleu.*
Consolation. . . . . *Double feuille.*
Constance dans les projets. *Immortelle.*
Courage . . . . *Aubépine.*
Délicatesse . . . . *Barbeau bleu.*
Discrétion. . . . . *Capucine.*
Douceur. . . . . *Fleur d'orange.*
Encouragement. . . . . . *OEillet mélangé.*
Espérance. . . . . *Genét.*
Esprit. . . . . *Joubarbe.*
Félicité . . . . *Citronnelle.*
Fidélité . . . . *OEillet blanc.*
Force. . . . . *Fleur de chéne.*
Grandeur d'âme . . . . . *Lis.*
Honnêteté . . . . *Tulipe.*
Humilité . . . . *Bruyère.*
Innocence . . . . *Violette, rose blanche.*
Jeunesse . . . . *Printanière.*
Majesté. . . . . *Couronne de lauriers.*
Paix . . . . *Olivier.*
Plaisir. . . . . *Jasmin blanc, pommier.*
Prévoyance. . . . . *Balsamine.*
Pudeur. . . . . *Violette.*
Reconnaissance. . . . . . *Coquelicot.*
Richesse . . . . *Bouton d'or.*
Sagesse . . . . *Giroflée de Mahon.*
Sensibilité . . . . *Sensitive.*
Simplicité. . . . . *Rose sauvage.*
Splendeur . . . . *Reine Marguerite.*
Sympathie . . . . *Cheveux de Vénus.*

Vertu. . . . . *Baume.*
Victoire. . . . . *Laurier amandé.*
Vivacité . . . . *Perce-neige.*

DEUXIÈME CLASSE.

Ambition . . . . *Grenade.*
Amertume . . . . *Absinthe.*
Bavardage . . . . *Clochette.*
Caprice . . . . . . : . . . *Citron.*
Causticité . . . . *Geranium musqué.*
Colère. . . . . *Talaspic.*
Crainte . . . . *Fumeterre.*
Dédain . . . . *OEillet jaune.*
Dépit . . . . *Giroflée rouge.*
Désespoir . . . . *Épine-vinette.*
Douleur . . . . *Palma-Christi.*
Étourderie . . . . *Serpolet, pavot simple.*
Fatuité . . . . *Muguet.*
Fausseté . . . . *Julienne.*
Fierté. . . . . *Argentine.*
Flatterie . . . . *OEillet d'Inde.*
Folie . . . . *Ellébore.*
Haine. . . . . *Basilic.*
Honte. . . . . *Pivoine simple.*
Horreur . . . . *OEillet ponceau.*
Indifférence. . . . . *Amaranthe.*
Infidélité . . . . *Belle de jour.*
Inquiétude . . . . *Acacia.*
Intrigue. . . . . *Tournesol.*
Jalousie. . . . . *Thym.*
Langueur. . . . . *Pavot.*
Mélancolie . . . . *Bluet.*

Mollesse. . . . . *Molène.*
Orgueil. . . . . *Pavot rouge.*
Oubli. . . . . *Glaciale.*
Oubli éternel. . . . . . . *Anagosis.*
Prétention . . . . *Rose de chien.*
Regrets. . . . . *Cyprès.*
Remords . . . . *Aconit.*
Séduction. . . . . *Oreille d'ours.*
Soupçon . . . . *Pavot blanc.*
Surprise . . . . *Pavot mélangé.*
Timidité . . . . *Belle de nuit.*

TROISIÈME CLASSE.

Ardeur . . . . *Iris blanc.*
Bruit. . . . . *Pivoine double.*
Doute. . . . . *Tubéreuse.*
Émotions. . . . . *Kélidoine.*
Éternité . . . . *Immortelle.*
Extase . . . . *Angélique.*
Flèches, atteintes. . . . . *Épines.*
Guerre . . . . *Belvéder.*
Liens durables . . . . . *Chèvrefeuille.*
Mystère. . . . . *Scabieuse.*
Nœuds . . . . *Branche ursine.*
Passe-temps. . . . . . . *Julienne.*
Passion . . . . *Matricaire.*
Politique . . . . *Gueule de loup.*
Préférence . . . . *Giroflée jaune.*
Religion . . . . *Noyer.*
Sensations . . . . *OEillet rose.*
Souvenir . . . . *Pensée.*

Les botanistes, lorsqu'ils découvrent une espèce nouvelle, la nomment quelquefois du nom d'un prince, d'un savant, et en font pour ainsi dire la matière d'une dédicace. Pluche dit quelque part dans ses écrits, qu'il a connu une société de fleuristes qui avaient donné à chacune des variétés de la renoncule le nom d'un personnage célèbre, dont les qualités ou le caractère avaient, avec la forme et les couleurs de la plante, quelque conformité. Par exemple, la renoncule qui, offrant en dehors l'éclat de la rose, est blanche en dedans et tout unie, sans fard ni mouchetures, était appelée la *Rollin :* allusion touchante aux vertus de ce recteur estimable, qui, si simple et si modeste dans sa vie privée, était si brillant dans ses discours publics, si fécond en richesses de tout genre dans ses ouvrages. Celle dont le fond est taché par des mouchetures serrées et multipliées, était la *Lamotte ;* comparaison piquante du style de cet écrivain, dont les phrases, parsemées de saillies ou d'expressions prétentieuses, permettent à peine d'apercevoir la pensée qu'elles ne devraient qu'orner. Enfin Fontenelle était représenté très-convenablement par celle des renoncules, dont les pétales, peints d'une riche couleur, sont embellis à leur extrémité d'un élégant panache. Le même auteur que nous citons ici ajoute avec malignité que les fleuristes cessèrent d'adjoindre un nom aux nouvelles variétés de renoncules que l'on continuait d'obtenir, parce que leur nombre devint bientôt si considérable, que l'Europe tout entière n'aurait pu fournir assez d'hommes célèbres.

PORTULACÉES.

———

LE TÉLÉPHIUM.

Il y eut de tout temps des guérisseurs et des charlatans; quelques-uns de ceux-ci imaginèrent de guérir les maladies, en les faisant passer du corps du malade dans un végétal. Ils cherchaient à faire croire à une certaine sympathie entre le malade et la plante, et souvent ils ne se contentaient point de venir la planter près du lieu habité par le malade; car cette transplantation était la cérémonie nécessaire de cette *comédie médicale;* mais quelquefois ils introduisaient dans le bois de l'arbuste du sang ou toute autre partie émanée du corps de la personne souffrante.

Ils citèrent au premier rang, parmi leurs cures miraculeuses, celle d'une tumeur passée dans un téléphium, qui avait été replanté après avoir été appliqué sur la partie malade. Ce qui peut accréditer cette fable absurde, c'est qu'il survint au téléphium une *gibbosité* causée peut-être par le trouble que la transplantation apporta dans son accroissement, et qu'à la même

époque le malade fut délivré de la grosseur
dont il était incommodé. Mais combien d'ab-
surdités n'admettrait-on pas, si, lorsque deux
événemens arrivent au même moment , on
voulait toujours regarder l'un comme la con-
séquence de l'autre !

MYRTES.

LE MYRTE.

Il serait assez curieux, et ce sujet est à proposer aux membres de l'Académie des inscriptions et belles lettres, de remonter jusqu'aux motifs qui ont fait dédier telle plante à tel dieu du paganisme plutôt qu'à tel autre ; nous saurions alors pourquoi le myrte est le symbole de l'amour. L'odeur parfumée de son feuillage et la grâce de ses fleurs sont sans doute les motifs de ce choix, ou peut-être encore que ses feuilles toujours vertes, quelque soit l'état du ciel et l'époque de l'année, ont suffi seules pour le faire consacrer à l'amour, la mythologie voulant indiquer par là qu'heureux ou malheureux, un amour véritable ne doit jamais se rendre coupable de changement ni d'inconstance.

Dans le temple de Vénus, à Naucrate, était une statue de cette déesse, que des branches de myrte entouraient de tous côtés. Ces myrtes rappelaient la protection accordée à un certain Hérostrate, marchand naucratien : cet homme, ayant imploré Vénus lorsqu'une tempête horrible menaçait de l'engloutir, fut miraculeusement sauvé des flots, et toutes les planches du vaisseau se couvrirent de myrtes, qui parurent tout à coup comme pour l'assurer que sa prière était entendue et qu'elle allait être exaucée.

Aux temps chevaleresques, les myrtes figuraient dans les bouquets que portaient les armes qui devaient servir dans les carrousels, et souvent aussi ils entraient dans les devises des chevaliers.

LE GRENADIER.

Une jeune fille se laissa séduire par Bacchus qui lui promit une couronne que les devins, inspirés par ce dieu, lui avaient déjà fait espérer. Elle ne tarda point à se repentir de sa crédulité, et, livrée au désespoir par la fuite de son immortel amant, elle fut changée en grenade : c'est alors que le dieu, voulant, un peu tard il est vrai, remplir sa promesse, ajouta à la fleur de la grenade une *couronne* qu'elle n'avait point eue jusque-là.

Faisant allusion à cette partie du fruit, on le proposa à la reine Anne d'Autriche, avec ces mots pour devise : *Je ne vaux pas seule-*

ment par ma couronne. La modestie de la reine l'empêcha d'approuver cet éloge, et la devise ne fut point adoptée.

On demandait à Darius, roi de Perse, au moment où il venait d'ouvrir une grenade, ce qu'il préférerait faire de tous les grains de la fleur, s'il pouvait les métamorphoser à son gré. — *Autant de Mégabises,* répondit-il. Ce Mégabise était son confident et son ami.

Il ne faut pas confondre par un rapport de nom la *grenadille* avec la grenade, ni s'imaginer qu'il existe de grands rapports entre le *Palma Christi,* qui fournit cette autre fleur, et le grenadier. Ni le port de la plante, ni la consistance du bois, ni la fleur, ni la fructification ne se ressemblent; et la grenadille, appelée encore fleur de la passion, est aussi peu brillante que la grenade a d'éclat. Nous ne la citons ici que parce qu'elle doit son nom de *fleur de la passion* à la forme prétendue de ses organes reproducteurs, dans lesquels des observateurs, un peu prévenus il faut l'avouer, ont cru trouver la représentation fidèle de tous les instrumens de la passion, le marteau, les clous et l'image même de la croix. Nos jeunes lecteurs pourront eux-mêmes s'assurer de la fausseté de l'observation; car il est très-peu de jardins aujourd'hui dans lesquels on ne rencontre le *Palma Christi* qui , par son port étranger , vient y rompre la monotonie de nos plantations.

ROSACÉES.

LE ROSIER.

La reine des fleurs, le symbole du plaisir et du bonheur, la rose a obtenu de tout temps les hommages empressés des poëtes. Il n'est pas de chants consacrés à louer les beautés de la nature, dans lesquels elle n'ait obtenu une place ; et depuis *Anacréon*, tous les chantres de la beauté et des amours l'ont enivrée d'éloges et d'encens. Elle fut la récompense de la vertu, le signe de ralliement des partis ; elle servit à tresser la couronne des grands sacrificateurs, à orner les tombeaux des vierges, et toujours elle s'est rattachée à l'histoire de nos fêtes, de nos guerres ou de nos erreurs.

Delille, qui sut mieux atteindre le gracieux et le correct que le sublime, a dit dans l'un de ses poëmes :

> Qui pourrait refuser un hommage à la rose ?
> La rose dont Vénus compose ses bouquets,
> Le printemps sa guirlande et l'amour ses bosquets ;
> Qu'Anacréon chanta ; qui formait avec grâce,
> Dans ses jours de festin, la couronne d'Horace ;
> La rose au doux parfum, de qui l'extrait divin,

Goutte à goutte versé par une avare main,
Parfume en s'exhalant tout un palais d'Asie,
Comme un doux souvenir remplit toute la vie.

Ces trois derniers vers rappellent que c'est en Asie que l'*essence de rose* fut découverte. Une princesse, ayant désiré se promener en nacelle sur un canal qu'elle avait fait remplir d'eau de rose, choisit pour l'heure de sa promenade celle à laquelle le soleil était le plus ardent. Elle remarqua bientôt à la surface de l'eau une substance que les gens de sa suite recueillirent ; c'était l'huile essentielle de rose, que depuis ce jour on obtint par un procédé analogue.

Rien de plus heureusement trouvé que cette comparaison si connue d'une jeune fille, morte en sa fleur, avec la rose qui brille à peine un jour. Malherbe, après avoir en vain cherché à consoler Duperrier, son ami, de la perte de sa fille, cherche à lui expliquer ce trépas inattendu qui l'étonne et l'effraie, et veut lui prouver qu'il n'est point hors des lois de la nature ; il finit par cette comparaison touchante :

Mais elle était du monde où les plus belles choses
Ont le pire destin ;
Et rose elle a vécu ce que vivent les roses,
L'espace d'un matin.

Je ne sache rien dans l'antiquité qui surpasse ces vers ; Malherbe les composait à une époque où notre langue était encore imparfaite, et cependant ils seraient à offrir comme modèle à nos versificateurs du dix-neuvième siècle.

La rose est amie des tombeaux , mais toujours réservée au jeune âge, même dans les cérémonies funèbres , sans doute comme un emblème de fragilité. En Turquie, on sculpte une rose sur le tombeau des jeunes vierges. En France , dans les cimetières qui sont le plus fréquentés, on aperçoit sur les tombes des enfans des couronnes de roses ; en Pologne , on couvre de roses leurs cercueils. Le parfum de ces fleurs exprime l'odeur suave d'une vie qui a été toute innocence.

Dans un cimetière de la Provence, nous vîmes, sur le tombeau d'un jeune homme mort subitement, une rose effeuillée et au-dessous ces deux vers:

> Tu mourus en un jour, sans doute,
> Et lui mourut en un moment.

La rose est la fleur de nos cérémonies religieuses. Dans les processions du Saint-Sacrement, des pétales de roses sont semés par les rues, et lors des Rogations, lorsque le pasteur du village va bénir les champs et demander au ciel d'abondantes moissons, il est entouré de desservans qui portent des bouquets de roses.

Le paganisme, qui cherchait à parler aux yeux, était beaucoup plus empressé que la vraie religion, qui ne désire se faire entendre qu'à l'âme, à saisir tout ce qui lui offrait quelque éclat ou le motif de quelques fictions. La rose est une des fleurs dont il s'est davantage occupé. Il explique de différentes manières sa couleur rose, et après avoir admis que dans l'origine toutes les roses avaient été créées blanches, il suppose que l'amant de Vénus, le bel Adonis, est frappé par un sanglier, et que son sang, répandu sur un rosier voisin, change la couleur des fleurs.

Une autre fiction moins triste est celle-ci : L'Amour, voltigeant au milieu des déesses dans un banquet de l'Olympe, renverse une coupe avec son aile, et le nectar se répandant sur des roses blanches, les colore en rose. Deux de nos poëtes ont chacun adopté l'une de ces deux fictions ; nous citerons les deux pièces où ils racontent, avec une grâce inimitable, ces deux métamorphoses. Parny s'exprime ainsi :

> Lorsque Vénus, sortant du sein des mers,
> Sourit aux dieux charmés de sa présence,
> Un nouveau jour éclaira l'univers ;

Dans ce moment la rose prit naissance.
D'un jeune lis elle avait la blancheur.
Mais aussitôt le père de la treille,
De ce nectar dont il fut l'inventeur,
Laissa tomber une goutte vermeille,
Et pour toujours il changea sa couleur.
De Cythérée elle est la fleur chérie,
Et de Paphos elle orne les bosquets ;
Sa douce odeur aux célestes banquets
Fait oublier celle de l'ambroisie :
Son vermillon était pour la beauté ;
C'est le seul fard que met la volupté.
A cette bouche où le sourire joue,
Son coloris prête un charme divin ;
De la pudeur elle couvre la joue
Et de l'aurore elle embellit la main.

Léonard a préféré rougir la rose du sang d'Adonis. Voici ses vers où les idées les plus riantes sont rendues avec une incroyable facilité et un abandon bien convenable au sujet :

Je veux dans un repas charmant
Entourer ma coupe de roses :
Vénus en fait son ornement.
Au siècle des métamorphoses,
La déesse les vit écloses
Du sang vermeil de son amant.
Quand l'Amour danse avec les Grâces,
La rose orne ses beaux cheveux.
La rose est le plaisir des dieux ;
Le zéphir en est amoureux
Et Flore en parfume ses traces.
On aime à cueillir ses boutons
Malgré leur épine cruelle.

Les Muses la trouvent si belle
Qu'elle est l'objet de leurs chansons.
Mais elle ira bientôt parer le noir rivage :
O mes amis , comme elle on nous verra finir !
Eh ! que laisserons-nous après ce court passage ?
Une ombre , un peu de cendre , un léger souvenir.
A quoi sert d'embaumer nos dépouilles mortelles ?
Et sur de vains tombeaux pourquoi jeter des fleurs ?
C'est tandis que la vie anime encor nos cœurs ,
Qu'il faut nous couronner de guirlandes nouvelles.

    Profitons du jour serein
    Que ramène la nature ;
    L'impénétrable destin
    A caché le lendemain
    Dans la nuit la plus obscure.
    Loin de nous chagrin , tourment ,
    Inquiétude ennemie.
    La saine philosophie
    Est de voyager gaîment
    Sur la route de la vie.
    On n'y paraît qu'un instant ,
    Je le donne à la Folie ,
    Et je m'en irai content
    Dans l'abîme où tout s'oublie.

L'académie d'Amadan fut remarquable par son originalité. Cette société avait pour premier statut : *Les académiciens penseront beaucoup, écriront peu et ne parleront que le moins qu'il sera possible.* On l'appelait l'académie silencieuse, et il n'était point dans toute la Perse un vrai savant qui n'eût l'ambition d'y être admis. Le docteur Zeb, auteur d'un petit livre excellent, intitulé le *Bâillon,* arrive à

Amadan, et se présentant à la porte de la salle où les académiciens sont assemblés, il prie l'huissier de remettre au président ce billet : *Le docteur Zeb demande humblement la place vacante......... La place était déjà remplie.

L'académie fut désolée de ce contre-temps ; elle se voyait, pour avoir reçu, un peu malgré elle, un bel esprit de la cour, dans la nécessité de refuser le docteur Zeb, le fléau des bavards, une tête si bien faite, si bien meublée. Le président ne savait comment s'y prendre pour annoncer au docteur cette nouvelle désagréable. Après avoir un peu rêvé, il fit remplir d'eau une grande coupe, mais si remplie qu'une goutte de plus eût fait déborder la liqueur. Sans proférer une parole il montra d'un air affligé au candidat la coupe emblématique.

Le docteur comprit de reste qu'il n'y avait plus de place à l'académie ; mais sans perdre courage, il songeait à faire comprendre qu'un académicien surnuméraire n'y dérangerait rien. Il voit à ses pieds une feuille de rose, il la ramasse, il la pose délicatement sur la surface de l'eau et fait si bien qu'il n'en échappe pas une seule goutte.

A cette réponse ingénieuse, tout le monde

battit des mains; on laissa dormir les règles pour ce jour là, et le docteur Zeb fut reçu académicien par acclamation.

Les musulmans s'imaginent que la rose est née de la sueur de Mahomet. Ils la font servir à ce titre dans leurs cérémonies, et lors du pélerinage de la Mecque, des roses sont enfermées avec les présens et les marchandises qu'ils emportent. Ils croient en outre que ces fleurs les préservent des dangers du désert, et qu'elles ont le pouvoir de chasser les Arabes bédouins qui pillent les caravanes.

Bayle, le célèbre critique, rapporte, à l'article consacré à Ronsard, que la nourrice de ce poëte le laissa tomber lorsqu'elle le portait au baptême, et qu'effrayée du danger qu'il courait, la femme qui, selon la coutume du temps, tenait le vase d'eau de rose qui devait servir à la cérémonie, le pencha tellement qu'une certaine quantité de cette eau se répandit sur l'enfant. Tout cela, dit Bayle, fut rappelé et commenté de telle façon, que l'on voulut y voir une prédiction confirmée par le talent de Ronsard pour la poésie. On aurait pu de même y trouver tout autre chose.

Une courtisane célèbre de l'antiquité avait pris pour devise une rose au sein de laquelle se mourait un scarabée, tandis qu'une abeille en exprimait les sucs et voltigeait au-dessus; et pour légende: *Je veux mourir comme lui si je ne puis vivre comme elle.* C'était une opinion reçue que l'odeur de la rose faisait périr le scarabée. Dans la devise que nous venons de citer, la rose était l'image du plaisir, et la mort du scarabée, loin de devenir une leçon utile, en prouvant que le plaisir doit être pris modérément, devait être pour celle qui la désirait le terme inévitable d'une vie livrée au délire des passions et à la honte de tous les excès.

Les roses tressées en couronne servirent souvent de récompense à la vertu, et dans quelques bourgs de l'Allemagne, on a coutume encore de nommer chaque année une rosière. La jeune paysanne qui mérite cette faveur est conduite devant les magistrats et dotée avec les deniers publics; des fêtes célèbrent ce triomphe de la vertu, et les parens, les amis même de la rosière y sont distingués par des bouquets plus touffus et des rubans plus nombreux. Une action vertueuse mérite à la rosière ce prix tant désiré : c'est tantôt un travail opiniâtre dont le prix a été consacré à acquitter la dette de la reconnaissance, à soutenir une nourrice aveugle ou des parens tombés dans la misère et accablés par l'âge; c'est quelquefois

aussi des soins assidus, prodigués à des petits
frères et des petites sœurs, orphelins dont la
rosière s'est établie la mère et l'institutrice.
Que cette coutume est touchante, et quels
heureux effets ne doit-elle pas produire! Elle
sera bonne mère et fidèle épouse celle qui a
été couronnée pour ses vertus. Ses fautes *cri-
raient* plus haut que celles des autres, car
tout le village, soit envie ou désappointement,
aurait des oreilles pour les entendre. Elle le
sait, elle s'observera, et vertueuse par habitude, elle élevera ses enfans dans les principes
qui auront réglé toute sa vie. Pourquoi dans
l'intérieur même de nos villes n'est-il pas des
concours semblables, des fêtes analogues.
Qu'elles seraient bien préférables à ces exercices des pensionnats où, habillées comme des
actrices, de jeunes demoiselles, espoir des
salons plutôt que des familles, viennent riva-
liser de roulades, former les pas d'une danse
voluptueuse, ou hardiment s'élever sur une espèce de théâtre, en faisant des entrechats et des
pirouettes. Heureux encore l'ami, le partisan
d'une éducation honnête, quand il ne les voit
pas, dans ces sortes de représentations, jouer
la comédie et imiter, jusque par leur rouge,
les actrices qu'on leur propose pour modèles.
Si parmi nos jeunes lectrices quelques-unes

trouvent ce passage trop sévère, qu'elles conservent ce livre, et lorsque leurs filles (car un jour elles doivent élever une famille), seront à l'âge qu'elles ont elles-mêmes en ce moment, qu'elles le relisent, et si elles sont de mon avis, elles éviteront pour leurs demoiselles, l'éducation publique, en la recherchant au contraire pour leurs fils.

L'homme doit agir dans la vie : c'est sur lui que la société fonde l'espoir de toutes ses relations ; on ne saurait de trop bonne heure l'habituer au contact de ses semblables et lui apprendre à les connaître.

La femme doit être toute modeste, c'est dans l'ombre qu'elle s'élevera timide et vertueuse. L'homme fait son état et la femme le reçoit.

Rose de Jéricho.

Une racine dont les filamens contournés les uns sur les autres observent constamment une forme arrondie, et qui, à cause de cette particularité, a été appelée *Rose de Jéricho*, offre un phénomène singulier, dont les saltimbanques qui courent les foires ne manquent point de tirer un grand parti. Lorsque cette racine est plongée dans l'eau, ses petits rameaux qui paraissaient desséchés donnent ouverture au liquide par tous leurs pores, se distendent et reprennent la disposition qui leur était naturelle avant leur dessication. Les naturalistes ont cherché à expliquer cette bizarrerie, et le vulgaire, ami des miracles et qui jamais n'explique rien, n'a pas encore cessé de l'admirer.

On a observé le même phénomène sur des mousses qui, desséchées dans un herbier, semblaient reprendre vie dès qu'elles étaient arrosées d'eau, ou seulement exposées à une température humide.

Des Fleurs.

Au retour du printemps, lorsqu'au milieu d'une riche vallée l'homme respire le parfum des fleurs, ne lui est-il jamais arrivé de se dire : Cette richesse de la nature, ces suaves odeurs, ces couleurs brillantes et variées, tous ces miracles d'une puissance infinie n'ont eu pour but que moi seul ; c'est pour charmer tous mes sens qu'ont été créées ces merveilles; ce globe ne m'obéit point, mais il était destiné à me recevoir pour habitant et tout ce qu'il enserre a été calculé d'après mes facultés.

Les fleurs en particulier n'ont évidemment été faites que pour nous plaire ; car elles n'ont d'agrément que pour nous. Les animaux ne

s'arrêtent point à leur aspect; ils les foulent
aux pieds ou les broutent indistinctement avec
l'herbe, tandis que nous les recherchons avec
une complaisance particulière. Il existe même
entre les fleurs et nous une certaine sympathie
qui, outre la grâce des formes, l'éclat des
couleurs et la suavité des parfums, nous fait
encore reconnaître en elles une foule de merveilles qui nous surprennent et nous ravissent.

Si nous suivons la fleur dans sa naissance,
dans son développement, nous remarquerons
d'abord qu'elle naît où la graine doit paraître,
et que partout où la fleur manque l'arbre ne
saurait produire de graines. Les arbres qui
fournissent les fruits de nos tables produisent
tous les ans des fleurs, et si elles se conservent à l'abri des gelées, des pluies et des ou-
ragans, nous fondons sur la récolte des espérances qui ne sont que très-rarement trom-
pées. Au contraire, si les fleurs périssent, les
récoltes sont peu abondantes et quelquefois
même elles manquent entièrement.

Je ne pourrais dire en vérité si les fleurs
gagnent plus à être vues ensemble ou séparé-
ment. Sont-elles réunies, leurs nuances si variées tranchent admirablement les unes sur les
autres, et l'on remarque une harmonie dont le
grand secret n'est point découvert encore par

les combinaisons de l'art. Sont-elles séparées ; chacune obtient un regard plus arrêté et l'œil lui reconnaît mille charmes, mille perfections qu'il avait senties dans l'ensemble sans pouvoir les détailler.

Mais ce qui surtout est admirable, c'est que sous ces pétales brillans, ces pavillons colorés des nuances les plus éclatantes, sont cachés des organes qui reproduisent une plante semblable à la plante mère. Le germe du fruit renfermé dans l'ovaire a reçu la poussière fécondante ; il enfle, se développe et bientôt c'est un fruit tout formé qui contient des graines ; ces graines sont déposées par la main de la nature, ou par celle de l'homme, dans le sein de la terre, et après quelques jours, une plante nouvelle perce le sol et étend au jour quelques feuilles, puis des rameaux d'abord minces et débiles, mais qui un jour s'éleveront jusqu'au séjour des orages.

Cette petite plante est pourvue d'une racine qui se plonge directement vers le centre de la terre, tandis qu'une tige à peine sensible s'élève vers le ciel. A cette époque où le végétal est trop faible encore pour retirer du sol ou de l'atmosphère sa nourriture, la nature prévoyante lui a donné deux feuilles épaisses et charnues qui existent dans la graine et qui répandent, avant de se dessécher, dans la tige et dans la racine, le suc laiteux et nourricier dont elles sont remplies. Ces feuilles appelées *lobes séminaux* ou cotylédons (1), sont les mamelles de la jeune plante.

Dans un poëme sur la botanique, par M. Boisjolin, on trouve les vers suivans que les fleurs ont inspirés, et qui, aussi bien qu'elles, sont pleins de grâce et de fraîcheur :

O ! comme chaque fleur, en ce riant dédale,
Prodigue aux sens charmés sa grâce végétale !
Noble fils du soleil, le lis majestueux
Vers l'astre paternel dont il brave les feux
Élève avec orgueil sa tête souveraine ;
Il est le roi des fleurs dont la rose est la reine.
L'obscure violette, amante des gazons,
Aux pleurs de leur rosée entremêlant ses dons,
Semble vouloir cacher sous leurs voiles propices,
D'un pudique parfum les discrètes délices :
Pur emblême d'un cœur qui répand en secret
Sur le malheur timide un modeste bienfait !
Le Narcisse, plus loin, isolé sur la rive,
S'incline, réfléchi dans l'onde fugitive ;
Cette onde, cette fleur s'embellit à mes yeux,
Par le doux souvenir d'un ruisseau fabuleux :

---

(1) Selon que ces cotylédons sont dans la plante uniques, doubles ou multiples, les plantes sont dites *monocotylédones*, *dicotylédones* ou *polycotylédones*, enfin *acotylédones* (comme nous l'avons dit dans notre introduction), si elles sont dépourvues de ces mêmes feuilles ou si elles en ont qui ne sont point visibles.

Tant les illusions des poétiques songes
Nous font encore aimer leurs antiques mensonges !
Vois l'hyacinthe ouvrir sa corolle d'azur,
Le riche œillet, ami d'un air tranquille et pur,
Varier les couleurs d'une teinte inégale,
Le muguet arrondir l'argent de son pétale,
Et l'épais chèvre-feuille errer en longs festons.
La rose te sourit à travers ses boutons :
Heureux, en la voyant, du baiser qu'il espère,
Le berger la promit au sein de sa bergère !
Fleur chére à tous les cœurs ! elle pare à la fois
Et le chaume du pauvre et le marbre des rois ;
Elle orne tous les ans la beauté la plus sage ;
Le prix de l'innocence en est aussi l'image.

L'AUBÉPINE.

Par un contraste bizarre, l'aubépine fut tour à tour employée dans la cérémonie de l'hymen et dans les deuils. Les Troglodites avaient coutume d'entourer de ses branches épineuses les cadavres de leurs parens, tandis que dans Athènes on portait des branches fleuries d'aubépine devant les nouveaux époux.

L'aubépine est la fleur de la nature : sans autre arrosement que l'eau du ciel, sans autre chaleur que celle de l'insolation, sans aucune palissade qui la garantisse des animaux que les épines qu'elle a reçues pour sa défense, l'aubépine naît, croît, s'élève et fleurit. Elle embaume les champs de son odeur, aussi agréable que celle de la rose, mais non moins dangereuse pour les nerfs délicats ; elle ranime dès l'aube et au commencement de sa route le voyageur fatigué par plusieurs journées de marche.

L'aubépine blanche doit à l'institution des jeux floraux toute la célébrité dont elle a joui. Elle n'est en effet remarquable qu'en cela seulement qu'elle a été conjointement avec l'églantine distribuée en prix dans ces fêtes.

Jeux floraux rétablis et dotés par Clémence Isaure.

« Toulouse possédait, en 1323, une institution littéraire dont l'origine est inconnue, mais qui alors était déjà ancienne : ou l'appelait *Collége du gai savoir* ou *de la gaie science.* Sept poëtes, formant un corps qui avait un chancelier et qui conférait les grades de bachelier et de docteur, enseignaient, dans le jardin de leur palais, *les lois d'Amors* appelées aussi *Fleurs du gai savoir.* La première fête littéraire fut fixée au 3 mai 1324. Une violette d'*or fin* fut promise à l'auteur du meilleur poëme : *Arnaud Vidal* remporta le prix. Les capitouls, invités à cette solennité, offrirent de fournir dorénavant la violette à laquelle, pour augmenter l'éclat de la fête annuelle, on ajouta bientôt une églantine et un souci d'argent.

« Après avoir langui près d'un siècle, l'*Institution* des *Jeux floraux* allait périr, lorsque *Clémence Isaure*, illustre dame toulousaine, la ranima par une fondation magnifique, qui, faite pendant sa vie, fut confirmée par son testament. La célébration du service divin, un sermon, des aumônes durent ouvrir cette fête. Des fleurs plus riches, et qu'on appela *nouvelles*, parce qu'elles avaient remplacé celles de la première institution dégénérée, ranimèrent l'émulation des amis des Muses, et rendirent son premier lustre à la solennité du 3 mai. Clémence s'y montra parmi les juges du combat. C'est donc avec raison que l'on attribue à cette femme célèbre la renaissance de l'amour des lettres dans sa patrie.

« Ce ne fut qu'en 1513 que le collège prit, pour la première fois, le nom de *Jeux floraux*. Les bacheliers et docteurs en gaie science furent remplacés par les *Maîtres-ès-Jeux floraux*, et l'on nomma *Bailes-ès-Jeux floraux* les trois capitouls préposés pour faire les apprêts de la fête.

« Indépendamment de la fondation dont nous venons de parler et du témoignage de plusieurs auteurs contemporains, des monu-

mens authentiques de l'hôtel-de-ville de Toulouse concourent encore à prouver l'existence
de Clémence Isaure, que quelques personnes
révoquent en doute. Ces monumens sont : sa
statue de marbre blanc, placée dans le con-
sistoire où se célébraient les jeux floraux, et
au pied de laquelle son éloge est prononcé tous
les ans depuis 1527 ; la table d'airain qui couvre le piédestal de cette statue, et sur laquelle
est gravée l'inscription qui détaille les dons de
la fondatrice, pour la célébration des jeux floraux, ainsi que l'obligation d'aller tous les ans
jeter des roses sur son tombeau avant la distribution des prix. La destruction de cette table
avait été ordonnée pendant les troubles révo-
lutionnaires, mais elle fut sauvée par un fon-
deur qui, chargé d'en faire les *grenouilles* de
la porte de Saint-Michel, y substitua une même
quantité de pareille matière. Grâces soient
rendues à cet ouvrier, au nom des beaux-arts,
au nom des belles-lettres, par tout ce qui cultive les Muses et surtout par les femmes !

« Dans différentes circonstances, les officiers
municipaux élevèrent quelques prétentions à
la présidence des jeux floraux ; ils les renou-
velèrent en 1790 ; mais cette société littéraire
aima mieux s'anéantir que de se prêter à aucune violation de ses droits. Enfin, après une

dispersion de quinze ans, les *Mainteneurs*, qui se trouvaient à Toulouse en 1806, se réunirent. L'académie reprit ses exercices, et, suivant l'antique usage, distribua les fleurs de Clémence Isaure : une amaranthe et une églantine d'or, une violette, un souci et un lis d'argent. La fête annuelle du 3 mai, à laquelle se rattachent de si touchans souvenirs, est célébrée aujourd'hui avec la même allégresse et avec autant de pompe qu'autrefois.

M. Laurent, peintre distingué, auquel nous devons une foule de productions charmantes, a exposé dernièrement un portrait de Clémence Isaure : la fleur de l'églantier orne sa blonde chevelure, et sa jolie main repose sur l'instrument favori des troubadours. L'époque de sa mort n'est pas bien connue ; on sait seulement qu'elle vivait en 1478 et qu'elle n'existait plus en 1513. Son épitaphe porte qu'elle mourut âgée de cinquante ans. »

Depuis le jour où Isaure présida les jeux floraux, que de poëtes ont chanté et se sont endormis du dernier sommeil, que de vers ont été perdus pour le souvenir et n'ont pu arriver jusqu'à nous. Aujourd'hui, les fleurs sont encore offertes en prix dans la ville de Toulouse, et nous citerons parmi les pièces de poésie admises aux concours, la suivante, couronnée en

1737 et remarquable par une hardiesse d'expressions qui n'est pas commune parmi les
poëtes de nos jours :

NÉANT DES GRANDEURS HUMAINES.

Sur ce théâtre où disparaissent
Tous les frêles présens des caprices du sort,
Mes yeux épouvantés à peine reconnaissent
L'homme aux prises avec la mort !
Quelle face ! quels yeux ! quel regard immobile !
Quel trouble ! quel effroi sous ce dehors tranquille !
Par degrés il se sent périr.
Ce qu'il perd l'attendrit, ce qu'il risque le glace.
Ciel, soutiens sa faiblesse, et, pour dernière grâce,
Qu'il achève enfin de mourir.

Venez, voyez, troupe frivole,
Qu'un culte sacrilége ose diviniser ;
L'arrêt n'est point douteux, il a proscrit l'idole,
Et l'idole va se briser.
Connaissez votre sort, présomptueux fantômes !
La foule des humains, à vos yeux, vils atomes,
Disparaît devant votre orgueil :
Rapprochez-vous enfin de l'espèce mortelle ;
Venez, pour la venger, vous confondre avec elle
Dans la poussière du cercueil.

Mon œil tremblant parcourt la terre,
Les mourans et les morts gisent de tous côtés :
Elle entr'ouvre son sein. Quel spectacle elle enserre !
Tous mes sens sont épouvantés !
Que de gouffres infects qui sans cesse engloutissent !
Que de lambeaux hideux qui lentement pourrissent !
Tel est donc l'ouvrage des temps !
O terre, de la mort trophée épouvantable,
Qu'est-ce donc que ta masse, un monceau lamentable
Des débris de tes habitans.

Dans ces tas de poussière humaine,
Dans ce chaos de boue et d'ossemens épars,
Je cherche, consterné de cette affreuse scène,
Les Alexandres, les Césars ;
Cette foule de rois, fiers rivaux du tonnerre,
Ces nations, la gloire ou l'effroi de la terre,
Ce peuple roi de l'univers,
Ces sages dont l'esprit brilla d'un feu céleste.
De tant d'hommes fameux voilà donc ce qui reste :
Des tombeaux, des cendres, des vers !

Les fleurs nous ont amenés naturellement à parler des jeux floraux, et cette notice ne sera pas sans intérêt pour nos jeunes lecteurs dont quelques-uns doivent peut-être un jour prétendre aux prix de l'amaranthe et de l'églantine.

LE POMMIER.

Suivant une opinion reçue assez généralement, *l'arbre de vie et de mort, du bien et du mal*, dont parle l'Écriture sainte, était un pommier, et aujourd'hui encore parmi le peuple on entend souvent appeler *pomme d'Adam* la saillie que fait au cou l'extrémité laryngienne de la trachée-artère.

Les pommes défendues et surprises malgré la volonté divine sont une de ces vérités qui se retrouvent même dans les fables des religions païennes. Elles sont figurées dans la mythologie par les pommes d'or du jardin des Hespérides, et le dragon qui les garde est un emblême de la défense de les cueillir, faite au premier homme par le Créateur. Dans la croyance des Scandinaves on les retrouve encore. Madame de Genlis, habile à faire des recherches et remarquable par une érudition très-étendue, nous a transmis une fable fort accréditée chez ce peuple, et qu'après elle nous rapportons ici :

« Dans l'Edda, la déesse Iduna avait la garde de certaines pommes auxquelles il n'était point permis de toucher et qui donnaient l'immortalité. Elles étaient réservées pour les dieux qui en goûtaient quand ils se sentaient vieillir, et alors ils rajeunissaient. Loke, un méchant génie, enleva Iduna et le pommier ; il tint Iduna prisonnière dans une forêt : alors les dieux commencèrent à vieillir et à grisonner ; mais ils forcèrent Loke de rendre Iduna et ses pommes. »

On sacrifiait à Hercule une brebis ; mais les Thébains, profitant d'une interprétation du mot grec qui signifie à la fois pomme et brebis, substituèrent le fruit à l'animal et remplirent leur vœu avec la même exactitude, mais avec plus d'économie.

L'AMANDIER.

Le peuple assemblé des tribus d'Israël venait de refuser Aaron pour sacrificateur. Déjà la colère du Très-Haut se faisait sentir, lorsque Moïse ordonna de déposer dans le temple les douze verges des chefs des douze tribus : l'on convint d'élire sacrificateur celui dont le sceptre serait signalé par le Seigneur. Le lendemain, celui d'Aaron était couvert de feuilles, de fleurs et portait des amandes; le peuple à ce miracle reconnut une volonté suprême qui pouvait mépriser et punir sa rebellion. La sacrificature fut abandonnée à Aaron. Les murmures cessèrent et l'envie qui déjà attentait au caractère sacré de conducteur du peuple de Dieu, se vit contrainte au silence.

Les amandes sont fréquemment ordonnées par les médecins qui les font prendre en émulsions. Les amandes amères, qui sont pour les oiseaux un poison presque toujours mortel, ne sont pour l'homme qu'une substance légèrement astringente.

Dans les Indes, à défaut de petites monnaies, on se paie en amandes et le marché devient alors ce qu'il était aux premiers âges du monde, un simple échange.

LE COIGNASSIER.

On regardait le coignassier comme le symbole de la fécondité et même on lui attribuait des propriétés tellement énergiques dans ce sens, qu'il suffisait, disait-on, qu'une jeune épouse dormît à l'ombre de cet arbre pour mettre au monde un enfant et n'éprouver aucune maladie dangereuse pendant la grossesse. Aussi l'hymen était-il rarement célébré chez les anciens, que la nouvelle mariée ne mangeât un des fruits de cet arbre, appelés *pommes de Cidon*, avant d'entrer dans la couche nuptiale.

On balança long-temps entre l'orange et le coing, ne sachant lequel de ces deux fruits on devait reconnaître dans les pommes du jardin des Hespérides, et beaucoup d'auteurs se décidèrent en faveur du coignassier. Au reste les discussions sur un point fabuleux deviennent d'autant plus ridicules qu'elles sont plus scientifiques.

L'ABRICOTIER.

Cet arbre inspira l'un des premiers calembours qui furent faits. Un des médecins de Louis XI, nommé Cotier, ayant trempé dans un grand nombre d'intrigues de cour et s'étant fait une fortune immense , fut, à la mort du roi , impliqué dans une fâcheuse affaire dont il n'arrêta les suites qu'en faisant l'abandon d'une portion de ses richesses ; au moins lui fut-il permis d'aller loin de la cour, dans une retraite agréable, y jouir de ce qu'il put sauver de ce naufrage. Il fut si satisfait du dénouement d'une instruction qui ne tendait à rien moins qu'à prouver qu'il avait abusé de la confiance du feu roi , pour exercer à son profit les dilapidations les plus effrénées , que , sur l'entrée principale de sa maison de plaisance, il fit sculpter un *abricotier* et graver autour pour légende, *à l'abri Cotier*. Nous avons dit plus haut que Cotier était son nom; c'est le moment de se le rappeler.

LÉGUMINEUSES.

LA SENSITIVE.

La sensitive est une espèce du genre *mimosa*, appelée *pudique*; c'est l'image de la pudeur effrayée. Dès que le vol d'un oiseau agite l'air autour d'elle, qu'une main indiscrète l'approche et s'apprête à la toucher, toutes ses feuilles qui étaient étendues se reploient sur elles-mêmes et se couchent le long des branches qui les portent. Si l'on continue à troubler le repos de cette plante singulière, il semble que sa crainte se change en un mortel effroi et que la faiblesse, compagne inévitable d'une extrême frayeur, s'empare de toutes ses branches qui alors fléchissent à leur point d'attache sur la tige. Vient-on à s'éloigner? chacune des parties du végétal reprend sa première place. Se rapproche-t-on? la même cause produit le même effet et le phénomène se renouvelle.

Mouvemens et vie apparente chez les végétaux.

La sensitive est de tous les végétaux celui

qui paraît jouir au plus haut degré de cette irritabilité que quelques naturalistes, avec peu de raison sans doute, ont assimilé à la sensibilité animale. On a remarqué que cet abaissement des pédoncules qui supportent les feuilles et le reploiement des feuilles sur elles-mêmes cessaient lorsque la cause qui les avait d'abord occasionnés persistait. Ainsi, comme une âme craintive s'enhardit peu à peu, de même la sensitive s'habitue au mouvement qui d'abord l'avait si fort effrayée. Lorsqu'elle est apportée en voiture par les jardiniers, presque totalement fermée au commencement de la route, elle revient par degrés à son état ordinaire dans le cours du voyage et paraît bientôt ne plus ressentir les secousses ni les cahots.

Au reste, il serait très-faux d'admettre chez les plantes des mouvemens spontanés et de se laisser entraîner par cette apparence de vie qui séduit à une première observation. La plante a bien des vaisseaux dans lesquels circulent des liquides ; la sève est, pour ainsi dire, le sang nourricier du végétal ; mais il n'y a point de nerfs, il n'y a point un centre de vie où les sensations seraient reportées, en supposant même qu'elles existassent, et ces effets surprenans que nous admirons sont le résultat nécessaire de lois purement mécaniques. Ils ne nous frappent même que par une sorte d'analogie accidentelle, avec des actes à peu près semblables de la vie animale.

Le *mimosa pudica* qui nous a conduit à ces réflexions, jouit d'une susceptibilité bien plus grande encore. La piqûre d'un insecte, le moindre zéphir, le vol d'un oiseau qui passe rapidement près de ses feuilles, les émanations d'un flacon qui renferme un spiritueux, la moindre chose enfin suffit pour exciter ses rameaux et les amener à se contracter.

En raisonnant toujours par analogie, on en vint jusqu'à avancer qu'en versant de l'opium liquide au pied du mimosa, on rendait ses contractions moins sensibles. Cette assertion inventée à plaisir pour donner plus de conformité aux mouvemens de la plante avec les mouvemens nerveux, fut promptement détruite par des expériences très-concluantes, entreprises par M. Decandole et qui prouvèrent jusqu'à l'évidence qu'une telle opinion ne pouvait être basée sur rien de raisonnable.

On remarque chez plusieurs autres végétaux des mouvemens non moins surprenans que ceux de la sensitive et qu'il faut encore expliquer de la même manière.

La dionée (*dionœa muscipula*), dont parle Delille dans ses *Trois Règnes*, fait aux insectes

une véritable guerre. Elle sécrète une liqueur
onctueuse dont ceux-ci sont très-friands ; mais
dès qu'ils se sont posés dessus pour la sucer,
leurs pates s'empêtrent, ils se débattent et
les deux petites feuilles de la plante, attachées
à la branche l'une vis-à-vis de l'autre, se re-
lèvent en même temps, s'appliquent face à
face et leur donnent la mort. Voici les vers que
le Virgile français a faits pour la dionée :

> Voyez cet arbrisseau si funeste à la mouche,
> Que d'un vol étourdi l'insecte ailé le touche,
> Son sein armé de dards se referme soudain
> Et perce l'imprudent qui se débat envain.

Dans une espèce de trèfle dont la feuille se
compose de trois folioles ou petites feuilles, la
foliole du milieu reste immobile, tandis que
les deux latérales exécutent un mouvement
continuel d'élévation et d'abaissement. On
remarque même que pendant la fécondation
les battemens de ces folioles sont beaucoup
plus précipités. Si on enlève la branche du
rameau principal, le phénomène continue
long-temps encore, à peu près comme ces
insectes qui quelquefois agissent pendant
près d'une heure, même après leur détron-
cation.

Une *andromède*, habitante des marais, est
aussi de rencontre très-dangereuse pour les

mouches; elle les reçoit sur une feuille large
et arrondie, dont le centre est creusé par rapport aux bords : viennent-elles à s'y reposer,
des dards alongés au-dessus d'elles leur inter-
disent toute retraite, tandis que le plateau se
fermant à peu près comme une bourse, devient à la fois pour elles une prison et un
tombeau.

Un *drosera*, le *rotundifolia*, présente une
disposition toute pareille et exécute la même
chasse. Un *apocin* jouit aussi de la même faculté; et il a été nommé, à cause de cela,
l'*apocin gobe-mouche*.

Il est dans le végétal d'autres mouvemens
qui, pour être moins appréciables à l'œil et
beaucoup plus lents, n'en sont pas moins fort
étonnans. Une plante, consacrée par quelques
superstitions religieuses, l'héliotrope ou tournesol des jardins, est toujours penchée vers le
soleil; elle suit tous ses mouvemens, et le
matin, tournée vers l'orient, on la retrouve
le soir courbée vers l'occident. C'est l'image
d'une amitié constante, disent les auteurs de
l'antiquité qui avaient observé le phénomène;
c'est en outre une plante fort utile en Amé-
rique où les sauvages en font une sorte de
pain et en retirent une huile très-bonne pour
la lampe. Le commerce n'en tire cependant

aucun parti, et la couleur dite de tournesol n'a de commun avec elle qu'une parité de noms.

L'antipathie ou la sympathie des plantes les unes pour les autres a été, pour des yeux disposés à tout voir à travers le prisme brillant de l'exagération, une preuve irrécusable d'une sensibilité animale dans les plantes, d'une vie réelle, puisqu'il faut dire le mot qu'on n'osait employer; mais l'analyse et l'expérience qui ne quittent plus les savans, ont encore été dans cette circonstance deux flambeaux de vérité. On a remarqué que les plantes, par l'extrémité de leurs radicules, rendaient différens sucs, et les propriétés délétères que l'exsudation de l'une semblait posséder contre l'autre a donné l'explication du prodige. Il est possible également que le sol se trouve convenablement préparé par une plante, pour qu'une autre y végète plus facilement et de là viendraient également les sympathies. La *salicaire* ne serait sans cesse à côté du saule que par une raison semblable ; et chez les plantes comme chez les hommes, l'intérêt particulier serait donc le lien des sociétés.

Sommeil des plantes.

Pendant la nuit les plantes affectent une

III.e PL . — SOMMEIL DES PLANTES .

certaine disposition de leurs feuilles et de leurs rameaux, une manière d'être enfin différente de celle qu'elles observent durant le jour, et cet état, pour être plus sensible chez les unes que chez les autres, n'en est pas moins commun à toutes. Il se manifeste vers la fin de la journée, il cesse au lever du soleil et peut-être n'est-ce que cela qui lui a fait donner le nom de sommeil. Ce n'est point à Linné que l'on doit cette observation du sommeil des plantes, des naturalistes ses devanciers en ont parlé; mais il fit faire à la science tant de progrès, que tout sujet devait paraître neuf dès qu'il entreprenait de le traiter. Une circonstance assez singulière lui remit celui-ci sous les yeux, et ne laissant rien qu'il ne l'eût approfondi, il termina un travail qui jusqu'alors n'avait été qu'ébauché.

Ayant reçu d'un autre naturaliste, de *Sauvages* de Montpellier, des graines, assez rares alors, d'une espèce de *lotus* appelé *pied d'oiseau*, il cultiva avec soin les plantes qu'elles produisirent et parvint à en obtenir des fleurs. Un soir, comme il visitait, une lanterne à la main, les hôtes de son jardin, il va revoir ses lotus, et sa surprise est extrême en ne retrouvant plus ces mêmes fleurs dont la vue, le matin même, l'avait si doucement dédom-

magé de ses soins. Il appelle ses jardiniers,
les accuse de négligence, les soupçonne d'infidélité et se retire fort mécontent. Le lendemain, après avoir long-temps évité d'appro-
cher ses lotus et de se chagriner par la vue du
désastre qui l'a si fort affligé la veille, il se
trouve contraint de passer auprès. Quelle est
sa surprise, ses fleurs sont retrouvées; et, il
les a bien comptées, il ne lui en manque pas
une. C'est au soir qu'il remet une autre visite
et qu'il espère approfondir ce mystère inconcevable. Le soir il revient et s'assure de la
présence des fleurs du lotus; mais elles sont
cachées par une disposition toute particulière
des feuilles, disposition qui ne se remarque
point dans le jour. Mon lotus dort, s'écrie
Linné, et, comme les paroles du génie ne se
perdent jamais, on appela *sommeil* des plantes
ce phénomène singulier.

Les dispositions que Linné observa sur différens végétaux sont très-variées. Voici les plus
remarquables: les feuilles, lorsqu'elles sont
alternes, s'élèvent et s'appliquent le long de
la branche; quand elles sont opposées, elles
viennent deux à deux s'accoler face à face;
quelquefois aussi chaque feuille se ploie sur
son arrête et plus souvent encore elles ne font
que fléchir sur leur pétiole sans se ployer; il

en est d'autres enfin qui se roulent sur elles-mêmes.

Linné remarqua en outre que ces dispositions si différentes offraient toutes un rapport constant d'analogie avec l'état des feuilles dans le bourgeon. Ainsi toutes les espèces de feuilles qui, dans le bourgeon, s'enveloppent les unes les autres, dormaient face à face, tandis que celles qui y naissent recoquillées se roulaient sur elles-mêmes. On a cherché l'explication de ce nouveau mystère de la nature ; mais jusqu'ici on n'est point parvenu à la trouver.

On voulut expliquer cet état par l'absence du soleil, mais Linné fit sommeiller une sensitive le jour et la fit veiller la nuit, étant parvenu à la tromper au moyen d'une lumière artificielle. On l'attribua aux influences atmosphériques pendant la nuit, mais il fut observé sous une température factice, et toujours la même, avec autant de régularité. On finit par admirer l'effet sans prétendre remonter jusqu'à la cause ; et c'est là souvent tout ce que notre raison sait faire.

LE LOTIER.

Espèce de jujubier sauvage, le lotier était chez les anciens le symbole de la chasteté. C'est à ses branches que le voile des vestales était suspendu. Sa feuille se trouve encore dans les pièces qui représentent Harpocrate, dieu du silence ; elles couvrent, posées tantôt droites et tantôt obliquement, une partie de la tête de ce dieu.

C'est sur les côtes de la Libye que le lotier était surtout abondant, et ses fruits, dit l'antiquité, étaient d'un goût si exquis, que les étrangers qui en avaient une fois mangé perdaient tout désir de retourner dans leur patrie et voulaient se fixer aux lieux où il croissait.

Les semences et les racines du lotier, soumises à une torréfaction bien dirigée et broyées ensuite, produisent une fécule avec laquelle on peut faire du pain ; mais ce pain n'est pas à beaucoup près aussi agréable au goût que devait l'être le fruit d'après les récits merveilleux des historiens.

Influence de la lumière sur les plantes.

Nous avons vu de quelle importance était la chaleur pour le végétal et combien elle était utile à son existence ; la lumière ne lui est pas moins nécessaire ; des expériences souvent répétées sur une espèce de lotier en sont une preuve convaincante.

On mit ce végétal dans une cave, où la lumière ne pouvait pénétrer d'aucun côté, et il ne tarda pas à dépérir; ses feuilles, ses rameaux perdirent leur couleur verte, et comme si la lumière était le seul principe des couleurs végétales, il devint blanchâtre. Cet état est inévitable pour toute plante plongée dans l'obscurité : on dit alors qu'elle *s'étiole :* c'est l'expression consacrée. On rendit au lotus la lumière, mais d'un seul côté; de ce côté il parut renaître et sa tige, en se penchant, se dirigea visiblement vers le jour qui lui parvenait. On ouvrit un second soupirail du côté opposé, ayant eu soin de fermer en même temps le premier, la direction de la plante fut bientôt changée. On avait eu l'attention de vitrer et de tenir à un certain degré de froid les ouvertures, afin que l'on ne pût attribuer à la chaleur les résultats de l'expérience.

Quelques plantes, comme si elles absorbaient de la lumière et pouvaient rendre ensuite ce fluide lumineux, brillent pendant la nuit. Elles doivent le plus souvent cette propriété à du phosphore qu'elles rendent par exhalation : la *fraxinelle* est dans ce cas; on les appelle *phosphorescentes*.

TÉRÉBINTACÉES.

LE NOYER.

Les Espagnols, appelés en France par les ligueurs, se rendirent maîtres de la ville d'Amiens à l'aide de noix. Voici comment ils s'y prirent : quelques soldats, déguisés en paysans, demandèrent à entrer dans la ville avec leur voiture, et ayant délié un sac rempli de noix, ils l'ouvrirent à dessein, au moment où ils passaient sous les portes, et le laissèrent se vider presque entièrement; le poste appelé par la sentinelle sortit, et lorsqu'il était occupé à ramasser les noix, sans armes, sans méfiance et la porte encore ouverte, un corps d'Espagnols, placé en embuscade, apparut aussitôt et pénétra dans la ville sans la moindre résistance. Henri IV qui ne laissait jamais l'ennemi dormir à l'abri de ses lauriers, ne tarda pas à reprendre Amiens, non par la ruse, mais en guerre franche, les enseignes déployées et l'épée à la main.

La nature est un grand atelier où les vieux matériaux recomposent sans cesse des pro-

ductions toutes neuves. On montre près de
Rouen, en un cimetière nommé Saint-Maur,
des noyers d'une rare beauté et d'une fécondité extrême, et l'on attribue généralement leur
splendeur aux sépultures des suppliciés dont
on déposait les corps à leurs pieds et toujours
sans cercueil : échauffées par ces restes, les
racines auraient donc aspiré des sucs nourriciers plus féconds. Que le fait soit vrai ou
faux, telle est la marche de la nature. C'est
avec des débris qu'elle produit, c'est en se servant de ce qui est détruit qu'elle soutient ce
qui existe ; c'est aux dépens de ce qui existe
qu'elle prépare ce qui doit exister. Il est des
insectes, des plantes qui meurent aussitôt après
avoir produit leurs pareils. Les végétaux ont
formé presque seuls ce fumier où d'autres végétaux puisent une existence, des formes et
des couleurs. Combien d'animaux tirent de
leurs mères le lait qui sert à leur première
nourriture et épuisent le sein qui les a conçus.
L'animal meurt et engraisse le sillon, le sillon
produit et un second animal y trouvera la pâture qui le rendra fort et vigoureux. Sans cesse
l'homme détruit les animaux pour satisfaire
aux besoins de son estomac, et lui - même,
quand il se décompose, il reforme le terreau
dont il naquit un jour, et tous ses élémens

vont reprendre leur place dans l'univers jusqu'à ce qu'ils entrent dans la combinaison de nouveaux corps : son âme seule est à l'abri de la destruction, seule elle est à l'image d'un dieu créateur : libre de ses liens, et sans cesser d'être elle, elle va en un lieu de vie éternelle; et là sans doute elle voit avec mépris ce corps qui la contenait, et qui, dans le grand laboratoire de la nature, passe ainsi et successivement par mille états différens.

EUPHORBES.

LE MANCENILLIER.

Le suc du mancenillier est le plus dangereux de tous les poisons végétaux. On a dit
que le sommeil que l'on prenait à l'ombre de
ses feuilles était mortel; c'était de beaucoup
exagérer le danger. Il est vrai toutefois que les
sucs que distillent les jeunes pousses, venant
à être entraînés par les gouttes de la rosée et
à tomber sur le visage du voyageur endormi
sous l'arbre, y tracent des creux, des sillons
aussi profonds, aussi ineffaçables que ceux
produits par la petite vérole ou par les dartres
rongeantes. Les mêmes sucs, pris intérieure-
ment ou introduits dans une plaie, causent
une mort prompte et d'affreuses tortures. Le
mancenillier croît aux Antilles; c'est l'hypo-
mane des anciens. Son feuillage est assez beau,
et ses fruits petits, mais bien colorés, ressemblent aux pommes d'api.

Poisons végétaux.

Les végétaux aussi dangereux que le man-

cenillier sont rares, et c'est au règne minéral
qu'appartiennent presque toutes les substances
qui apportent le trouble dans nos organes ou
qui donnent la mort. Dieu ne voulut point que
ces feuilles dont la légèreté et la grâce attirent
nos regards, que ces fruits qui semblent inviter la main à les cueillir, fussent autant de
piéges tendus à notre ignorance, à notre avidité, suite nécessaire de nos besoins. Il est
même peu de plantes qui, livrées aux soins
d'une culture assidue, ne perdent leurs propriétés malfaisantes, et si elles croissent perni-
cieuses, c'est le plus souvent au fond des marais fangeux, au milieu des déserts, sur les
coteaux escarpés; c'est enfin dans les endroits
les moins accessibles à l'homme, c'est loin de
sa main comme de ses yeux. Peu satisfait de
ces précautions qui ne rassuraient point encore
sa bonté créatrice, le maître de l'univers indi-
qua encore à l'homme, par la couleur du
fruit, le goût qu'il devait avoir. Il ne colora
point celui qui est insipide, teignit en vert
celui qui est acerbe, en jaune celui qui est
amer et voulut que le rouge fût la marque de
l'acidité, tandis que le brun ou le noir seraient
les signes les plus constans des saveurs ingrates
et des propriétés vénéneuses.

CUCURBITACÉES.

LE MELON.

Nous rapportons ici l'anecdote suivante, sans pouvoir affirmer cependant que c'est bien d'un melon qu'il s'agissait :

« Le fameux fabuliste Lockman fut, comme Ésope, réduit à l'esclavage : Un jour que son maître lui avait fait porter pour dîner un *melon amer*, il le mangea tout entier. Le maître fut surpris de ce dévouement d'un genre tout nouveau, car l'esclave n'avait fait entendre aucun murmure, et comme il lui en demandait la raison, Lockman lui répondit que n'ayant jamais reçu de lui que des bienfaits, il n'était pas étonnant qu'il ait mangé, sans se plaindre, le premier fruit amer qu'il lui avait présenté. Enchanté de cette réponse, le maître de Lockman lui accorda en récompense la liberté, et le fabuliste, d'abord esclave comme Ésope, passa ensuite, comme Phèdre, dans la classe des affranchis. »

Beaucoup de fruits de la famille des cucurbitacées furent adorés en Égypte. Il est au reste peu de productions naturelles , plus imposantes que la citrouille.

Un fruit de cette même classe , celui de l'*oxalis impatiens* offre une construction singulière et par suite un phénomène fort amusant. Les cloisons de la coque qui renferme les graines sont très-élastiques, et ne sont maintenues réunies que par le pédoncule , de manière que lors de la maturité de ces fruits, il suffit du plus léger contact pour que ce pédoncule se détache aussitôt. Aussi est-ce le premier fruit que l'élève botaniste présente à l'élève encore novice , et que le jardinier offre aux curieux de province. La main se porte naturellement vers le pédoncule, et le visage de l'imprudent est aussitôt couvert des graines et de l'eau que la rupture de celui-ci fait jaillir.

ORTIES.

—

LE MURIER.

De tous les arbres, c'est celui que vers une certaine époque de l'année les écoliers sont le plus désireux de rencontrer et qui trop souvent échappe à leurs recherches. Il n'y a que peu de mûriers autour de Paris et dans le nord de la France, et ne fût-ce que pour occuper les jeunes gens à des soins domestiques, je voudrais que chaque instituteur fût tenu d'avoir un mûrier afin de fournir aux besoins des vers à soie que pourraient posséder ses élèves. C'est une occupation agréable, c'est un plaisir tranquille et l'un de ceux qu'il convient le plus d'encourager dans un jeune homme. Il faut de grands soins pour conduire jusqu'à sa coque ce ver laborieux ; et non-seulement l'insecte donne à l'étudiant l'exemple du travail, mais il exige de sa part une sollicitude aussi active qu'industrieuse.

La Morée, appelée encore le Péloponèse, doit le premier de ces noms à sa forme ; on lui a trouvé quelque ressemblance avec une feuille de mûrier, et de là le nom de *morea*, feuille de mûrier, *Morée.*

La ville de Strafford a donné le jour au tragique anglais, à Shakespeare. Un ecclésiastique ayant acheté le jardin et la maison de cet autre Corneille, s'avisa d'abattre un mûrier que celui-ci avait planté, et aussitôt toute la ville fut en rumeur. On mit la maison au pillage et le prêtre ne dut son salut qu'à une prompte fuite : l'arbre, cause de tout le désordre, fut tourné en un grand nombre de petits meubles dont le prix n'eut de règle que l'engouement dans lequel on était de Shakespeare, et c'est assez dire qu'il fut excessif.

Végétaux desquels on peut tirer du papier et même des tissus.

Le mûrier *morus*, qu'il ne faut pas confondre avec le *papyrus*, peut aussi fournir du papier, propriété qui d'ailleurs lui est commune avec tous les arbres. Il est dans le végétal une portion du tronc appelée *liber*, parce que, au moment où les sucs circulent, elle se détache à peu près comme les feuillets d'un livre ; et les feuilles amincies et desséchées du liber ont souvent remplacé le papier, avant qu'on n'eût appris à le fabriquer avec le chiffon. Par des préparations plus soignées on parvient à obtenir un papier, semblable en tout à celui que nous offre le commerce, d'un grand nombre de végétaux, du bois de mûrier, de la pomme de terre, de la vigne et des tiges du chardon.

Le *papyrus* qui croît et sur les bords du Nil et en Sicile, est encore désigné quelquefois sous le nom de papier naturel : ses racines qu'on parvenait aisément à diviser en filamens très-longs et extrêmement minces, le rendaient aussi très-propre à certains usages, comme par exemple à la fabrication des nattes, des voiles pour les barques et des bandelettes pour les sacrifices. Il fut long-temps exclusivement employé sous forme de papier pour les livres de la religion égyptienne.

Une plante de la famille des asphodèles, le *Phormium tenax*, est aussi abondamment pourvue de longs filamens qui la rendent propre aux mêmes usages ; ce qui lui a mérité le surnom de *lin de la Nouvelle-Zélande.* J'ai entendu *M. Marquis*, professeur de botanique au Jardin des plantes de Rouen, regretter que ce végétal ne fût pas cultivé dans les provinces méridionales de la France. Il croyait (et rarement il hasarda une opinion mal fondée), que l'on parviendrait aisément à l'acclimater chez nous et qu'on en retirerait de grands avantages.

LE FIGUIER.

Les prophéties faites après l'événement ont
le mérite très-facile d'une concordance exacte,
et quand plusieurs centaines d'années ont
passé depuis leur invention, il est si difficile
quelquefois de s'assurer si elles ont en effet
suivi le fait ou si elles l'ont devancé, que le
vulgaire qui en tout aime toujours mieux s'en
rapporter, les adopte et crie au miracle : mais
celui qui a l'habitude de raisonner, de réfléchir, se méfiant toujours du merveilleux, re-
monte jusqu'à la source et parvient le plus
souvent à s'assurer de la fausseté du prodige.

Il est des cas cependant, et celui que nous
allons citer est de ce nombre, où la date précise et authentique de la prédiction force à
reconnaître un pouvoir surnaturel dans celui
qui a prédit, et une bienveillance toute particulière pour lui dans l'être qui gouverne tous
les événemens humains et qui se plaît à confirmer ses paroles.

L'église romaine avait vu des enfans élevés
dans son sein tourner contre elle leur pouvoir
et leurs lumières, et, sous le titre d'église grecque, refuser de reconnaître l'autorité des des-
cendans de saint Pierre et les arrêts de la
cour de Rome.

Le pape Nicolas V écrivit à Constantin Dra-
cose, empereur de Constantinople, pour l'en-
gager à rentrer dans le devoir. Après avoir
employé toutes les prières et lui avoir ouvert
les yeux sur son hérésie, il termina sa lettre
par cette menace terrible, sous la forme d'une
parabole : « Selon la parole de l'Évangile,
dit-il, on attendra encore trois ans que le
figuier qu'on a cultivé, porte du fruit. Si dans
ce temps il n'en porte point, l'arbre sera coupé jusqu'à la racine, et la nation grecque ex-
terminée. » Trois ans après cette lettre qui
fut écrite l'an 1451 après Jésus-Christ, les
Turcs s'emparèrent de Constantinople et mi-
rent tout à feu et à sang dans cette ville prise
d'assaut.

Une opinion généralement reçue parmi les
gastronomes, c'est que les romains ne firent
si long-temps la guerre à Carthage que pour
avoir des figues qui, dans cette partie de l'Afrique, étaient d'un goût excellent. C'est vouloir
expliquer de grands effets par de très-petites
causes. On ne donne non plus d'autre motif de
la guerre des Gaulois contre Rome, et par conséquent de la prise et du sac de cette ville. Les
mêmes hommes prétendent que des figues apportées en Gaule par un Helvétien nommé Eli-
con, donnèrent aux Gaulois le désir de possé-

der des figuiers, et qu'ils ne firent une première levée de boucliers qu'afin d'en conquérir.

Il est peu d'arbres connus des anciens qui n'aient été par eux employés en couronnes. Le figuier comme tous les autres eut ses cérémonies, et rarement on approchait les autels du vieux Saturne, qu'on ne se fût auparavant ceint la tête de ses rameaux. Dans les mystères d'Isis, les initiés qui devaient porter dans les processions les vases remplis d'eau ou les corbeilles sacrées, se faisaient des couronnes épaisses en feuilles de figuier, ce qui les aidait à porter leurs offrandes, pendant tout le chemin, dans une immobilité parfaite.

On jouait à Athènes un air de flûte appelé l'air du figuier, parce qu'on frappait les victimes avec des branches de figuier sauvage, pendant que les musiciens se faisaient entendre.

Dans l'Attique, les athlètes et le peuple étaient rassasiés de figues sèches ; les figues vertes n'étaient guère servies que sur la table des grands ; ce fut dans un panier de ces figues que Cléopâtre se fit apporter l'aspic avec lequel elle se donna la mort.

Les *nones du figuier* furent très-long-temps à Rome une époque de réjouissances publiques et de cérémonies religieuses. Pendant ces fêtes les esclaves régalaient leurs maîtresses hors des remparts de Rome, en mémoire du fait suivant. Quelques peuplades voisines de Rome ayant mis à leur tête Lucius, crurent facile de détruire une ville que les Gaulois avaient si aisément envahie, et s'approchèrent de ses murailles dans un appareil de guerre redoutable. Lucius fit annoncer aux Romains, par un héraut d'armes, qu'ils n'avaient qu'un seul moyen d'éviter la ruine de leur ville, c'était de lui livrer leurs filles et leurs épouses. Cette proposition pleine de jactance inspira à une esclave nommée Philotis un projet plein de hardiesse, qu'elle exécuta avec un entier succès. Elle rassembla ses compagnes, leur inspira son courage, les enflamma du désir de sauver Rome, et toutes se rendirent, revêtues des habillemens de leurs maîtresses, au camp des ennemis. Croyant voir en elles les dames romaines, les officiers des armées liguées se partagèrent cette proie et passèrent la journée et une partie de la nuit dans les festins, les danses et les excès de toute espèce, alors Philotis donna, *du haut d'un figuier sauvage*, le signal aux Romains qui, placés en embuscade, attendaient le moment où leurs ennemis seraient assoupis, pour en faire un grand carnage. Les officiers furent tous égorgés, et les soldats, au milieu de la nuit et du tumulte, se retirèrent dans le plus grand désordre, non sans perdre une foule considérable des leurs.

Philotis et toutes ses compagnes reçurent, pour prix de ce service, la liberté et des sommes d'argent qui furent levées, à titre d'impôt, sur tous les citoyens romains.

Le figuier remplit un rôle non moins curieux dans le passage suivant:

Un chef de voleurs voulant piller Rome et ne pouvant mettre en défaut la vigilance du gouvernement de Marc-Aurèle, qu'en jetant le trouble et la consternation dans toute la ville, s'avisa de monter sur un figuier sauvage, qui se trouvait au milieu du champ de Mars, et d'annoncer au peuple, du haut de cette tribune, qu'il ne tomberait de cet arbre que pour être métamorphosé en cigogne, et que le jour de cette transformation l'univers périrait consumé par le feu. Il indiquait l'heure précise du miracle. Le champ de Mars fut, dès le matin du jour où il devait avoir lieu, rempli par la foule. A l'instant marqué, il se laissa choir et lâcha en effet une cigogne qu'il avait jusque-là tenue cachée dans son sein. Mais il n'obtint qu'un demi-succès. La frayeur du peuple qui se croyait arrivé à la fin des temps et qui s'agitait d'une manière alarmante, ne fut cependant point telle qu'il la désirait et l'ordre ne fut point assez troublé pour qu'il pût exercer son adresse avec sécurité.

Les Chinois croient que le plus puissant de tous leurs dieux, que le grand Wichnou naquit sous un figuier, et ils ont pour cet arbre une grande vénération.

L'histoire raconte encore un fait beaucoup plus original que tous ceux qui ont précédé, mais moins digne d'être rapporté ici, bien qu'une figue y soit devenue un instrument de vengeance et que la scène ait eu lieu entre de très-grands personnages.

Les habitans de Milan, révoltés contre Barberousse, s'étaient emparés de l'impératrice son épouse, et après lui avoir fait essuyer mille outrages, l'avaient promenée par toute la ville sur une ânesse, la figure tournée du côté de la queue de cet animal. Une fois maître de Milan, dont la garnison avait été égorgée, Barberousse fit raser les édifices publics et les maisons des particuliers, n'accordant la vie qu'à ceux qui voudraient consentir à tirer avec leurs dents une figue du derrière de l'ânesse sur laquelle l'impératrice avait été outragée. L'histoire rapporte en outre que cette mesure, quoique humiliante, fut reçue avec reconnaissance par un si grand nombre d'habitans que l'empereur finit par croire qu'il avait usé de trop de clémence.

On tire du figuier un suc laiteux et rongeant, qui, appliqué sur les verrues, finit par les faire disparaître. Ce même suc fournit une encre qui ne devient visible que par l'action du feu sur le papier où sont tracés les caractères. On se sert des figues sèches avec succès comme calmantes et pectorales. Dans les douleurs de dents, lorsqu'il y a fluxion des humeurs vers la tête, il est avantageux de se gargariser avec de l'eau de figues bouillies et d'appliquer des morceaux de figue sur les endroits les plus enflammés et sur la dent elle-même : c'est une indication à remplir dans l'attente de remèdes plus efficaces.

Les Languedociens s'étaient imaginé que les figuiers sauvages ne pouvaient produire de fruits agréables qu'autant que ces fruits auraient été piqués par une espèce de mouche qui voltige toujours autour du figuier ; aussi auraient-ils soin de venir secouer au-dessus des figues encore naissantes des rameaux d'arbre chargés de cet insecte. Cette coutume superstitieuse et dont la crédulité faisait seule tout le mérite, est aujourd'hui tout-à-fait abandonnée. On lui donnait le nom de caprification.

AMENTACÉES.

LE PLATANE.

Xercès n'était point un fou; il traînait à sa suite une armée considérable, savait prévoir ses besoins, veiller à ce qu'elle ne manquât ni de provisions ni de bagages, et sa mémoire était telle qu'il retenait les noms de tous ses soldats. Comment donc mettre d'accord avec eux-mêmes les auteurs qui, après nous avoir ainsi représenté Xercès, rapportent des extravagances commises par cet empereur. Xercès, si on en croit plusieurs historiens, n'a-t-il pas fait fouetter la mer qui avait submergé ses vaisseaux, et n'a-t-il pas été jusqu'à ordonner qu'on lui mît des chaînes. Ce fait est sans doute attesté ; mais celui qui croirait que Xercès s'abusa jusqu'à satisfaire sa colère par ces moyens aussi vains que ridicules, rencontrerait-il juste ? Non, sans doute, et celui-là seul aurait deviné qui avancerait que le but de ce chef de tant d'hommes n'était, en agissant ainsi, que de frapper les yeux et l'esprit de la multitude, en déployant un caractère en apparence indomptable et qui voulait soumettre jusqu'aux élémens. Et ne serait-il pas possible que cette punition infligée à la rebellion des flots ait arrêté des rebelles prêts à semer le trouble et l'indiscipline au milieu de l'armée.

On expliquerait d'une manière aussi naturelle et non moins satisfaisante cette phrase par laquelle les historiens affirment que Xercès devint amoureux d'un platane. Il paraît vrai qu'ayant rencontré un de ces arbres d'une rare beauté, il fit élever sa tente sous son ombrage, qu'il y passa plusieurs jours, plusieurs nuits dans de douces rêveries, qu'il l'orna de colliers très-précieux et ne le quitta qu'après l'avoir fait ceindre d'un cercle d'or et avoir laissé un poste de soldats dont tout le soin était de veiller à sa conservation. Mais ce n'est encore là qu'un rapprochement mal saisi, et tout s'expliquera si on admet, supposition très-naturelle, que ce platane a rappelé à Xercès un temps heureux de sa vie et retracé à sa mémoire des circonstances que dans la suite il ne voulait plus oublier. Xercès ne fut pas plus amoureux du platane qu'un père qui se rend au tombeau qui renferme le corps de son enfant n'est amoureux de la pierre qui le couvre.

Le platane peut durer, dit-on, un grand nombre de siècles : ce qu'il y a de certain, c'est qu'il parvient à un accroissement qui doit lui faire supporter une très-longue vie. Pline rapporte qu'un gouverneur de Licie a fait servir un repas de vingt couverts dans le tronc d'un platane que le temps avait creusé. Les convives étaient couchés, à la manière des Romains, sur des bancs de gazon construits dans l'intérieur de l'arbre.

A Vélétry, Caligula donnait des repas à quinze de ses courtisans dans un platane qu'il avait coutume d'appeler son nid. En Angleterre, dans le canton de Sussex, on montre aux étrangers un platane qui ne le cède en rien à ceux dont nous venons de parler, pour les dimensions extraordinaires.

Le platane, à la feuille large et étoilée, a bien changé de fortune. Il était l'arbre par excellence dans les maisons de plaisance des sénateurs romains. C'était sous le platane qu'en été on établissait la salle du festin ; ce dont Horace exprima son mécontentement dans une de ses odes. Il réclame les honneurs accordés au *platane stérile* en faveur de *l'orme* qu'on fécondait alors en le mariant à la vigne. Aujourd'hui on emploie très-peu le platane, si ce n'est comme ornement et encore est-ce très-rare. On préfère le grand érable dont la feuille est assez semblable à celle du platane.

Souvent même on s'en tient au petit érable qui se prête plus volontiers aux formes qu'on veut lui faire prendre par la taille. Rien n'est plus agréable à l'œil qu'une longue et vaste allée, sur les deux côtés de laquelle deux files de petits érables sont plantés et poussés en forme de *caisses ;* lorsque de ces caisses factices sortent des roses en fleurs, et que du milieu de la caisse et des roses s'élève un tilleul qui, par sa tête arrondie, a tout l'effet d'un oranger. Cette composition produit une illusion dont il est assez difficile de se défendre.

LE COUDRIER.

Le coudrier n'est guère célèbre que par le choix que les sorciers de village ont fait de ses branches pour baguettes divinatoires.

La baguette divinatoire, devenue célèbre par de nombreuses expériences dont quelques-unes ont obtenu croyance, même parmi les savans, est aujourd'hui tombée dans un entier discrédit. Il est très-rare en ce moment qu'on en fasse usage, et si l'autorité était avertie que trop de publicité et d'importance fût accordée à des pratiques semblables, il n'est point douteux qu'elle ne s'y opposât avec sévérité.

La baguette divinatoire était, comme nous venons de le dire, en coudrier, de médiocre

longueur et revêtue de son écorce. On la choi-
sissait la plus droite qu'il était possible et
d'égale grosseur, de manière qu'elle fût partout également pesante. Il y avait ensuite la
manière de la porter ; c'est sur ce point que
les devins ne s'arrangeaient plus de la même
façon : les uns posaient un doigt sous son milieu et la promenaient ainsi suspendue ; les
autres soutenaient légèrement ses deux extrémités, enfin d'autres, plus sûrs de leurs mouvemens, la portaient en équilibre, debout sur
la paume de la main.

Tous marchaient en tenant la baguette d'une
de ces manières, et selon l'invitation qui leur
en était faite, ils découvraient soit les mines,
soit les sources et les courans d'eau ou même
des objets dérobés, qui se trouvaient enfouis
dans la terre ou cachés en quelque endroit
secret.

Il serait absurde d'ajouter quelque croyance
à ces mystérieuses baguettes ; mais en ne tenant point compte de cet instrument inutile et
qui n'est là que pour frapper les yeux de la
multitude, il faut admettre seulement, pour
ce qui regarde les eaux courantes et peu profondément situées dans le sol, qu'il est des
personnes qui peuvent les indiquer et qui doivent cette faculté précieuse à une organisation

très-sensible ; elles acquièrent la conscience de ces eaux cachées soit par la fraîcheur qu'elles répandent, ou par quelqu'autre cause encore inconnue. C'est précisément le magnétisme qui repose sur une vérité et qui a été entouré ensuite des plus absurdes mensonges.

Jacques Aymar, paysan de Saint-Vérun, en Dauphiné, est le plus célèbre de tous ceux qui ont porté la baguette divinatoire. Il découvrait les diamans volés, les bornes des champs cachées dans le sol, les voleurs, les homicides, et feignait d'avoir, à certains endroits, des émotions violentes qu'il expliquait, en déclarant que l'objet ou la personne avait passé par là.

Jacques Aymar affectait beaucoup de dévotion pour faire plus d'impression sur les esprits, et sa réputation s'étendit à un point que la cour le fit venir à Paris en 1693. Il s'y fit des partisans comme au village. Il compta de ce nombre l'abbé de Vallemont, homme plus érudit que sensé, qui prit le soin de recueillir les rêveries d'Aymar et d'en composer un mémoire. Malgré cet appui, Aymar fut traité d'imposteur, et ses ruses furent découvertes à l'hôtel de Condé. Le devin retourna au village où ses talens restèrent ensevelis jusqu'à sa mort qui arriva en 1708.

Ainsi finissent toutes les célébrités qui n'ont pour origine et pour appui que l'intrigue et le charlatanisme.

LE CHÊNE.

Un grand nombre de faits historiques nous sont rappelés par le chêne, et sans citer ici le chêne sous lequel Abraham reçut les trois anges qui lui annoncèrent dans sa vieillesse la naissance d'un fils, sans rappeler celui près duquel l'ange du seigneur vint instruire Gédéon, le conducteur du peuple de Dieu et le vainqueur des Amalécites, de la conduite qu'il devait tenir; ni le chêne de Thabor, près duquel Saül rencontra les trois hommes qui, joints à d'autres rencontres aussi prédites, devaient lui annoncer qu'il allait être roi, n'avons-nous pas des souvenirs de faits plus récens et non moins admirables, auxquels le chêne se trouve aussi mêlé. Quel est le Français qui, en entrant dans le bois de Vincennes, ne s'est pas demandé lequel des chênes de cette antique forêt a servi de tribunal à saint Louis? Quel est-il celui qui, sans être ému par la touchante mémoire d'un roi juste, accessible aux moindres de ses sujets et réparateur des offenses des puissans au profit des petits et des faibles, n'a pas formé, au gré de son imagination, ce tableau d'une royauté toute paternelle, et n'a point placé au pied du plus vénérable des arbres qui l'entouraient les groupes animés de sentimens si contraires que devait inspirer la conduite du monarque : ici les transports de joie, les pleurs de la reconnaissance des sujets attendris, et plus près de saint Louis, mais plus loin de son cœur, la colère, l'ambition trompée des seigneurs de sa cour, dont les vexations venaient d'être réprimées par une bonté plus forte que leur injustice.

Le nom touchant de *chêne du deuil* fut donné à un chêne sous lequel furent déposés les restes de Rébecca. Mille Samiens ayant été tués en combattant près d'un chêne, leurs compatriotes jurèrent depuis ce temps par *les ténèbres du chêne*, souvenir d'honneur qui devait rendre leur serment inviolable.

Le chêne fut consacré à Jupiter, sans doute parce qu'il offrit à l'homme sa première nourriture : et c'est par une raison semblable qu'il resta long-temps en vénération parmi les Gaulois. Il porte, rarement cependant, une plante parasite, qu'on appelle à cause de cela le *gui du chêne*. M. de Châteaubriand, dans ses *Martyrs*, nous donne une description, riche de poésie et savante par son exactitude, de la cérémonie dans laquelle les prêtres gaulois

IV.ᵉ PL. — CÉRÉMONIE DU GUY.

allaient couper le *gui sacré*. Nous croyons
devoir la copier ici.

C'est Eudore, gouverneur de la province
des Gaules pour les Romains, qui raconte les
scènes auxquelles il assista sans être aperçu.
Il suit la prêtresse des Gaulois Velléda, dont
la conduite mystérieuse pique sa curiosité.

« Nous marchâmes (c'est Eudore qui parle)
plus d'une heure sur une lande couverte de
mousse et de fougère. Au bout de cette lande
nous trouvâmes un bois et au milieu de ce
bois une autre bruyère de plusieurs milles de
tour. Jamais le sol n'en avait été défriché et
l'on y avait semé des pierres, pour qu'il res-
tât inaccessible à la faux et à la charrue. A
l'extrémité de cette arène s'élevait une de ces
roches isolées, que les Gaulois appellent dolmin et qui marquent le tombeau de quelque
guerrier.

« La jeune fille (Velléda) s'arrêta non loin
de la pierre, frappa trois fois des mains, en
prononçant à haute voix ce mot mystérieux :
Au-gui-l'an-neuf! · A l'instant je vis briller
dans la profondeur du bois mille lumières ;
chaque chêne enfanta pour ainsi dire un Gaulois; les barbares sortirent en foule de leurs
retraites : les uns étaient complétement armés, les autres portaient une branche de chêne

dans la main droite et un flambeau dans la gauche.

« Au premier désordre de l'assemblée succèdent bientôt l'ordre et le recueillement, et l'on commence une procession solennelle.

« Des eubages (1) marchaient à la tête, conduisant deux taureaux blancs qui devaient servir de victimes ; les bardes suivaient en chantant sur une espèce de guitare les louanges de Teutatès ; après eux venaient les disciples ; ils étaient accompagnés d'un héraut d'armes vêtu de blanc, couvert d'un chapeau surmonté de deux ailes et tenant à sa main une branche de verveine entourée de deux serpens. Trois senanis (2), représentant trois druides, s'avançaient à la suite du héraut d'armes : l'un portait un pain, l'autre un vase plein d'eau, le troisième une main d'ivoire. Enfin la druidesse (3) venait la dernière et tenait la place de l'archidruide dont elle était descendue.

« On s'avança vers le chêne de trente ans, où l'on avait découvert le gui sacré. On dressa au pied de l'arbre un autel de gazon. Les senanis y brûlèrent un peu de pain et y répan-

---

(1) Prêtres surtout occupés des sacrifices.
(2) Philosophes qui succédèrent aux druides.
(3) Grande prêtresse.

dirent quelques gouttes d'un vin pur; ensuite un eubage, vêtu de blanc, monta sur le chêne et coupa le gui avec la faucille d'or de la druidesse; une saie (1) blanche, étendue sous l'arbre, reçut la plante bénite; les autres eubages frappèrent les victimes, et le gui, divisé en égales parties, fut distribué à l'assemblée.

« Cette cérémonie achevée, on retourna à la pierre du tombeau; on planta une épée nue pour indiquer le centre du conseil; au pied du dolmin étaient appuyées deux autres pierres qui en soutenaient une troisième couchée horizontalement. La druidesse monte à cette tribune; les Gaulois, debout et armés, l'environnent, tandis que les senanis et les eubages élèvent des flambeaux.......... Ce n'était là que le prélude d'une scène épouvantable. La foule demande à grands cris le sacrifice d'une victime humaine, afin de mieux connaître la volonté du ciel. Les druides réservaient autrefois pour ces sacrifices quelque malfaiteur déjà condamné par les lois. La druidesse fut obligée de déclarer que, puisqu'il n'y avait point de victime désignée, la religion deman-

---

(1) Espèce de vêtement gaulois.

dait un vieillard comme l'holocauste le plus
agréable à Teutatès (1).

« Aussitôt on apporte un bassin de fer sur
lequel Velléda devait égorger le vieillard. On
place le bassin à terre devant elle. Elle n'était
point descendue de la tribune funèbre, mais
elle s'était assise sur un triangle de bronze, le
vêtement en désordre, la tête échevelée, tenant un poignard à la main et une torche
flamboyante sous ses pieds..... Les astres
penchaient vers leur couchant. Les Gaulois
craignirent d'être surpris par la lumière. Ils
résolurent d'attendre, pour offrir l'hostie abominable, que *Dis* (2), père des ombres, eût
ramené une autre nuit dans les cieux. La foule
se dispersa sur les bruyères et les flambeaux
s'éteignirent. »

On voyait dans le parc de Saint-James des
chênes que le roi Charles II avait plantés et
cultivés de ses propres mains, et un motif de
reconnaissance était la cause qui l'avait déter-
miné à ces soins vigilans : Pendant sa proscription, il avait échappé aux assassins qui
étaient à sa poursuite, en se cachant dans un

---

(1) Divinité effrayante qu'adoraient les Gaulois et que
leurs druides avaient créée.

(2) Autre dieu des Gaulois.

chêne creux, et lorsqu'il eut triomphé de ses ennemis, il retourna voir cet arbre son protecteur, il le fit entourer d'une muraille et il en cueillit des glands qu'il planta, comme nous venons de le dire, dans le parc de Saint-James, et qu'il allait arroser lui-même tous les jours, sans que les affaires ou les plaisirs lui aient fait oublier une seule fois une attention qu'il regardait comme un devoir.

Le chêne parvient à des proportions extraordinaires. On cite un chêne dont les branches produisirent près de trente cordes de bois, et qui, vu leur extrême longueur, auraient pu protéger de leur ombre jusqu'à cinq mille fantassins ou trois cents cavaliers.

Le bois du chêne est trop fréquemment employé, pour qu'il soit nécessaire de rapporter ici les différens usages auxquels on le fait servir; sa dureté, son inaltérabilité le rendent précieux, et si on le met à l'abri de la pluie et qu'il soit coupé à une époque propice, on peut le conserver pendant plusieurs siècles, sans qu'il éprouve la moindre altération. L'écorce même de ce bel arbre est utile, et réduite en poudre, elle sert à tanner les cuirs. Comme teinture, elle produit deux couleurs, le jaune brun et le noir. Enfin, après avoir servi à la préparation des cuirs dans les tanneries, on la rassemble en des pains ronds que l'on vend sous le nom de *mottes* pour la cheminée des pauvres. Le gland a servi dans les temps de disette à la fabrication d'un pain d'une saveur peu agréable, mais assez nourrissant et très-salutaire. Dans quelques provinces de l'Espagne, il existe un gland d'un goût fort délicat et qui se trouve avec celui de nos pays, dans le même rapport que la châtaigne avec le marron d'Inde.

Des Tiges.

C'est après avoir parlé du végétal qui présente l'organisation la plus achevée et pour ainsi dire la plus complète, qu'il convient de dire un mot de la tige. Celle du chêne peut être prise pour exemple, et comme elle nous fournit notre bois le plus utile, elle nous semble encore sous ce point de vue devoir mériter cette distinction.

La tige du chêne offre d'abord à l'intérieur une partie beaucoup plus tendre, plus spongieuse que celles qui l'entourent, et que par analogie on est convenu de désigner sous le nom de moelle. La moelle est renfermée dans un canal presque toujours rond, appelé, à cause de sa destination, canal médullaire. Elle consiste dans un amas de petites cellules toutes remplies de sucs, de liquides plus ou moins travaillés, qui ont été ou qui doivent être charriés dans le végétal et d'une grande quantité de sève ; de ce centre partent des prolongemens qui traversent dans le sens de leur épaisseur les autres couches du tronc , et les font communiquer entre elles ; une grande quantité de tuyaux longs et droits, accolés par paquets nombreux, forment ensuite un tissu plus serré, qui enveloppe la moelle ; c'est ce que nous appelons le bois. Plusieurs couches de ce corps ligneux s'emboîtent les unes dans les autres, à peu près comme les pots que le faïencier met en pile, et il est de remarque que les plus dures sont celles qui avoisinent la moelle de plus près. On aperçoit ces différentes couches de bois en coupant un fort rameau dans sa grosseur ; elles forment à l'œil comme plusieurs cercles concentriques.

Voici maintenant pourquoi le bois le plus dur est le plus près du centre. L'écorce recouvre le bois ; mais chaque année, au moment marqué dans la nature pour l'accroissement, les liquides s'amassent entre l'écorce et la couche extérieure du bois qui est la moins dure , comme nous l'avons déjà observé et qu'on appelle bois blanc ou aubier. Ces liquides visqueux, gluans, s'accumulent et peu à peu se disposent en mailles et finissent par former des lames accolés les unes aux autres, lames qui ne sont pas encore du bois, mais que déjà l'on reconnaît aisément devoir en former un jour. Cette partie du végétal s'appelle *liber*, d'un mot latin qui signifie *livre*, parce qu'il est aisé de la diviser par feuillets. Ce liber durcit chaque jour et forme l'aubier ou bois blanc de l'année, tandis que l'aubier de l'année précédente acquiert plus de dureté et devient bois parfait. Sur ce liber, transformé en aubier, il se forme, l'année suivante, un nouveau liber; le même travail a lieu, les mêmes métamorphoses se renouvellent, et voici comment s'opère l'accroissement en grosseur de tous les arbres de nos pays.

L'écorce, qui n'est qu'un desséchement des lames les plus externes du liber, change aussi tous les ans chez quelques arbres; mais rien ici ne se passe comme chez les animaux : les insectes, les reptiles se dépouillent de leurs premières peaux et les quittent à certaines époques, pour paraître sous une forme ou une parure nouvelle; au lieu que les arbres qui prennent tous les ans un nouvel habit sans dépouiller leur ancien aspect, ne font que changer de couleur et encore pour un très-court espace de temps.

Tous ces tubes, tous ces vaisseaux et les liquides même qu'ils contiennent sont très-faciles à voir, si l'on s'arme du microscope et si l'on coupe en travers un tronc ou une forte branche au moment où la végétation est la plus active.

L'ORME.

Au chêne, au cèdre fastueux
Laisse les tristes avantages
D'orner des palais somptueux ;
Les lambris couvrent de faux sages ,
Tes rameaux couvrent des heureux.

C'est ainsi que *Gresset* console un orme de village du peu d'éclat qui l'environne , et le détrompe des grandeurs qui pourraient l'éblouir. Je ne sais ; mais il y a , il me semble, pour le poëte comme pour le prosateur , un triomphe certain à s'adresser ainsi aux plantes , à leur prêter des sentimens pour les intéresser ensuite dans des pensers de morale. Le lecteur est toujours séduit par cette sorte de figure , et lui-même , dans les journées pleines de vie et de jeunesse d'un beau printemps, dans les soirées sombres et mélancoliques de l'automne, il a si souvent accordé une vie réelle à l'arbre qu'il vit ou renaître ou mourir , qu'il lui semble retrouver une réflexion qui lui est connue, qui lui appartient et dont il s'empare avec plaisir, en songeant aux douces rêveries auxquelles elle doit encore le ramener.

Autrefois on plantait des ormes devant toutes les églises de village et beaucoup existent encore. Il faut, pour trouver l'origine de cette coutume, remonter au temps où la population, moins considérable qu'elle ne l'est aujourd'hui, permettait aux animaux malfaisans de se multiplier. Alors assurément celui qui, en faisant quelque sacrifice, parvenait à détruire ces ennemis des moissons, des troupeaux et même de l'homme, rendait un service public ; aussi venait-il suspendre, en actions de grâces, à la porte du temple de Dieu, les dépouilles des animaux qu'il avait tués, et recevoir les félicitations de ses voisins. On planta d'abord un orme, pour donner attache à ces trophées, puis deux et ensuite un plus grand nombre.

Un seul orme, en Angleterre, produisit par ses branches supérieures quarante-huit chariots de bois à brûler et neuf mille pieds de planche.

LE BOULEAU.

Delille a dit dans son *Homme des champs* en se rappelant le bouleau :

Ce saule mon effroi, mon bienfaiteur peut-être.

Et le doute qu'exprime le dernier mot de

) ce vers, porterait à croire qu'on a corrigé
) outre mesure ce poëte aimable, dont le ca-
ı ractère si facile et les manières si douces de-
ı vaient cependant rendre inutiles tous les
ı moyens violens de correction.

Le bouleau sert habituellement dans les
maisons des petits bourgeois à former les balais ; chez les riches, les balais sont de *crin*
ou de *soies.*

A Rome, il était employé au même usage,
et un jour les balais dont on se servait pour
nétoyer la place où s'assemblait la noblesse ,
ayant poussé des fleurs, les interprètes d'alors
présagèrent l'élévation d'hommes de là lie du
peuple qui, d'après ce miracle , leur parurent
devoir monter un jour jusqu'aux premières
dignités.

Le bouleau est le dernier des arbres que
l'on trouve vers le pôle arctique. Conservant
toute sa force dans ces climats glacés , il existe
au milieu d'une nature souffrante et vient consoler l'œil du voyageur effrayé de la stérilité
du sol.

En Suède , on couvre les bâtimens avec
l'écorce du bouleau. Au Kamtschatka , les sauvages trouvent un aliment dans l'écorce préparée du bouleau et une boisson un peu acide
et rafraîchissante dans la sève. Ils l'emportent.

avec eux dans des vases suspendus à leurs colliers de guerre et à leur costume de voyage.

Nos chimistes ont tenté de retirer du sucre
du bouleau, ayant déjà formé un syrop sucré
de l'extrait de sa sève ; mais ils n'ont pu y
parvenir et leurs efforts ont été moins heureux
cette fois que lorsqu'ils soumirent les bette-
raves ou les raisins à la même expérience.

CONIFÈRES.

LE CÈDRE.

Si dans nos pays nous accordons au chêne la prééminence parmi tous les arbres, il faut qu'il cède l'empire, lorsqu'un cèdre transplanté vient étendre près de lui ses branches opulentes. Ce n'est plus seulement une taille gigantesque, c'est un tronc immense d'où partent des bras vigoureux, qui sont couverts abondamment des parasols du plus riche feuillage. Le cèdre du Liban (car c'est de celui-là que nous entendons parler) est sans contredit le prince de la végétation, l'arbre auquel se rattachent les plus anciens souvenirs, et pour lequel les poëtes ont le plus souvent accordé leur lyre. Il n'est point une cérémonie dans Homère, où les cèdres ne viennent figurer, soit qu'ils éclairent, par la flamme brillante de leur bois résineux, la salle du festin, soit qu'ils l'embaument par l'odeur qui s'exhale de leur ustion. L'immortel auteur du *Télémaque* a fait aussi du cèdre l'arbre le plus utile ; il le fait servir aux mêmes usages qu'Homère, et l'emploie à la construction du vaisseau qui doit soustraire son héros aux dangers de l'île de Calypso. Le cèdre fut d'ailleurs fréquemment employé à la construction dans l'antiquité. Le fameux temple de Diane à Éphèse, rangé, sur la foi des historiens, au nombre des sept merveilles, avait la plus grande partie de sa charpente exécutée en bois de cèdre, et le temple de Salomon, célèbre plutôt par ses richesses que par son architecture, était orné de sculptures de ce même bois.

On faisait un grand usage du cèdre chez les anciens, et les cassettes, qui chez nous sont en citronnier, en acajou, étaient en bois de cèdre. André Chénier, qui s'était nourri de la lecture des poëtes grecs et qui les imita d'une manière si parfaite, dit, en parlant des apprêts de noces, dans son élégie de *Myrto* :

> ...La clef vigilante a, pour cette journée,
> Sous le cèdre enfermé la robe d'hyménée.

Quelquefois encore on abattait, le jour de la célébration du mariage, un cèdre qui avait été planté le jour de la naissance de l'époux, et du bois de cet arbre était faite la couche nuptiale. Les Russes ont pratiqué un usage à peu près semblable, encore observé dans quelques provinces de leur vaste empire, au moment où nous écrivons.

La hauteur prodigieuse à laquelle le cèdre peut s'élever, et la verdure inaltérable de ses feuilles, sont les causes auxquelles doit être attribuée la vénération des peuples de l'antiquité pour ce bel arbre. En effet, quand on contemple celui qui se trouve au Jardin des plantes de Paris, dans la partie appelée *le labyrinthe*, on ne peut résister au sentiment de la plus profonde admiration : bientôt après, quand on vient à réfléchir que ce végétal majestueux, qui toutefois sur le mont Liban ne semblerait plus qu'un des moins favorisés de l'espèce, a été apporté de ce lieu même par M. de Jussieu, et contenu, pendant une partie du voyage, dans son chapeau, on reste étonné du pouvoir miraculeux de la végétation, qui a pu d'une si faible origine tirer tant de vie, tant de force et de magnificence. Cette fois encore le pouvoir fécondant du soleil, la chaleur et les sucs nourrissans de la terre, l'humidité de la rosée, auxiliaires de toute croissance, ne paraissent plus que comme des causes secondaires, comme des agens, et la pensée s'élève vers celui qui peut produire tant de merveilles, et dont la volonté seule est une source éternelle de miracles.

Nos poëtes ont tiré souvent leurs comparaisons du cèdre, et l'Écriture aussi le fait entrer dans un grand nombre de ses métaphores.

Racine, le seul des poëtes français, si l'on en excepte J. B. Rousseau, qui ait su faire passer dans ses vers les beautés de l'Écriture, a dit :

> J'ai vu l'impie adoré sur la terre ;
> Pareil au cèdre, il cachait dans les cieux
> Son front audacieux ;
> Il semblait à son gré gouverner le tonnerre,
> Foulait aux pieds ses ennemis vaincus ;
> Je n'ai fait que passer, il n'était déjà plus.

Des Feuilles.

La feuille est de tous les organes du végétal celui dont la forme est la moins constante ; il semblerait qu'elle est un jeu de la création, et que l'architecte éternel a joué avec son ouvrage et jeté en riant ces prodiges de variété. Toutes les espèces de plantes diffèrent par les feuilles, et souvent un même végétal a des feuilles très-dissemblables. On voit à la base d'une tige une feuille simple, c'est-à-dire sans découpure, tandis que celles qui couvrent les rameaux sont partagées en quatre ou cinq divisions.

Nous avons déjà examiné ces premières euilles surnommées cotylédons, et qui contiennent la nourriture de la jeune plante. Lorsqu'elles sont desséchées, il en naît d'autres, encore pâles, mais cependant moins blanchâtres qu'elles, et qu'on a appelées feuilles premières ou *primordiales*; elles n'ont aussi qu'une courte durée et restent parfois en partie développées, sans obtenir jamais toute leur expansion.

Tantôt les feuilles sont disposées sur la plante qu'elles ornent en parasol, et forment des espèces d'éventails; tantôt elles sont rondes, et leur attache part de leur milieu comme le manche d'une pelle; d'autre fois elles sont sans support, mais elles environnent, elles embrassent la tige ou les rameaux, comme dans le chèvre-feuille.

Il n'y a pas moins de variété dans leurs contours: les unes sont dessinées en violon, les autres en lyre; celles-ci, et cette disposition s'observe surtout parmi les plantes marines, sont en longues lames plates et même tranchantes; celles-là sont échancrées irrégulièrement; enfin il en est qui ont l'aspect de cheveux, tandis que d'autres ressemblent à des mains et se divisent en digitations.

La surface des feuilles offre également des différences très-remarquables. Elle est parfois très-lisse, très-brillante, comme les pins et les arbres résineux, et toujours verte; parfois aussi elle est soyeuse et porte pour ainsi dire du coton, tant les poils qui la couvrent sont longs et aigrettés. Elle peut enfin présenter ou mille petits trous comme le milleperthuis, ou des points brillans, ou des conduits, souvent creusés assez profondément pour conserver la vapeur de la rosée ou l'eau des pluies.

Les feuilles semblent destinées à habiter l'air, où elles respirent les parties nutritives qui doivent servir à l'accroissement de l'arbre. Il est donc naturel que dans les plantes aquatiques elles soient plongées dans les eaux ou flottantes à leur surface.

La feuille est le plus souvent verte, mais les nuances de vert varient chez les différens végétaux. Ici le vert est brun, là il est pâle ; il serait impossible de compter combien de degrés il y a du vert le plus tendre de la feuille printanière au vert brunâtre de la feuille du pin ou du mélèze. Une amaranthe, appelée à cause de cela tricolore, a ses feuilles à la fois rouges, jaunes et vertes.

Quelques feuilles sont couvertes d'une substance ou bleuâtre ou blanchâtre, qui a la propriété de les préserver de l'eau. Chez quelques-unes, cette exsudation est beaucoup plus abondante ; sur le *myrica cerifera* on parvient à la recueillir, et elle fournit une espèce de cire.

A la base du support qui soutient la feuille se forme un petit bouton ou bourgeon, qui produit ou des feuilles ou des fleurs; et ce bourgeon, attirant à lui tous les sucs du végétal, en prive la feuille qui dépérit, jaunit, se dessèche et tombe. C'est en automne qu'a lieu cette substitution du bourgeon à la feuille. Les végétaux qui les premiers se sont couverts de feuilles, sont aussi les premiers à les perdre.

A l'œil, les deux faces d'une feuille sont très-dissemblables ; l'inférieure est plus blanche et parsemée de plus de nervures. Elle sert au végétal à absorber les parties de l'air et les émanations terrestres qui conviennent le mieux à sa nutrition; la face supérieure au contraire exhale les parties qui, ne pouvant servir à l'accroissement du végétal, sont rejetées comme inutiles à ses besoins et étrangères à sa nature.

On prétend même que ces deux fonctions de la vie du végétal sont si importantes que, privée de ses feuilles, une plante ne tarde pas à mourir. On a recueilli l'eau que rendent les végétaux pendant la nuit; l'expérience a été faite sur un pavot qu'on avait isolé de l'air environnant par une cloche de verre.

Une feuille très-singulière pour sa forme, et qui le matin contient en assez grande quantité cette eau d'exhalation, c'est la feuille du *ne-*

penthes distillatoria; elle est terminée par un cornet dans lequel ce fluide exhalé s'amasse, et auquel il ne manque rien pour le retenir, puisqu'il est muni d'un couvercle.

Cette étonnante prodigalité de la nature dans les formes des feuilles, est très-bien rendue dans un passage de l'ouvrage de M. Kératry, qui a pour titre *Inductions morales.* Voici comment ce publiciste philosophe peint le développement des feuilles aux premiers jours du printemps :

« La racine étant presque toujours dérobée aux regards, on peut dire que le feuillage donne seul un caractère à la plante. Il croît avec elle, il la dirige dans les airs, où il protége de son abri les tendres rameaux. Chargé de fonctions absorbantes et sécrétoires, il est à la fois le pourvoyeur et l'ornement de la tige à laquelle il communique son balancement onduleux. Aussi quelle prévoyance dans le bouton qui le contient !

« Celui-ci, formé dans l'aisselle d'une feuille qui le nourrit et l'enveloppe de son pétiole, ne présente d'abord qu'un point presque imperceptible. Il croît graduellement et se montre d'une manière plus distincte aux approches de l'hiver, époque à laquelle les frimas lui enlèvent sa protectrice. Mais si ce secours lui manque, c'est qu'il est déjà pourvu de pellicules et des gommes sous lesquelles il peut braver impunément la rude saison. C'est donc dans cet espace étroit que, pliés selon leurs formes, les divers feuillages attendent le printemps. A peine le soleil de mars a réchauffé la terre, qu'on les voit, de toutes parts, abandonner, déchirer ou chasser les tuniques qui leur ont servi de berceau. Les arbres se coiffent de vertes chevelures sous lesquelles leurs fronts cannelés se rajeunissent. Variées dans leur port comme dans leurs teintes, elles se groupent, se divisent, s'étalent ou flottent avec grâce. Tantôt agréables pendentifs, elles s'arquent et retombent en guirlandes ; tantôt moins modestes, elles s'élèvent à la manière de faisceaux, de gerbes ou d'obélisques. Ici c'est une flèche que l'on décoche ; là c'est une touffe azurée, qui se marie élégamment à l'horizon. Des feuilles innombrables se sont tout à coup étendues dans les airs, pareilles à l'épée qui sort du fourreau, à l'éventail que l'on déplisse, ou à la pièce d'étoffe que l'on déroule. Peu de jours viennent de s'écouler, et les bosquets se sont si bien enlacés, l'ombre s'est tellement épaissie, que l'on serait tenté de demander où donc avaient été mises en réserve ces riches et fraîches tentures, dont s'est paré dans un instant le séjour de la race humaine. »

LE PIN.

C'est l'arbre des Erses et celui que chantaient le plus fréquemment dans leurs hymnes poétiques les héros scandinaves. Il est rare que dans Ossian un barde prenne la lyre et qu'il ne compare point le pin altier avec l'humble bruyère.

Le pin était l'arbre de Cybèle ; mais aussi souvent employé dans les fêtes de Bacchus que dans les cérémonies de cette déesse, on plaça son fruit à l'extrémité du thyrse, et c'est de là peut-être qu'il fut uni aux pampres comme ornement d'architecture.

On fait avec les pommes de pin quelques préparations de pharmacie, qui n'ont pas à beaucoup près toutes les propriétés qu'une confiance aveugle leur a long-temps accordées. C'est surtout par sa substance résineuse que le pin nous est utile. Il est plusieurs espèces de ce genre qui en sont si abondamment pourvues, qu'elles suffisent pour fournir au commerce le goudron avec lequel sont enduits les flancs des navires et le brai gras d'un usage si fréquent. On peut également retirer du pin une cire qui, fondue sur une mèche, pourrait remplacer la chandelle. On se sert du pin , quand il a acquis toute sa croissance ; ce qui a lieu dans sa quatre-vingtième année.

En commençant cet ouvrage , je me suis promis de suivre le même plan que je m'étais tracé pour compiler et rassembler quelques faits non moins curieux que le règne animal offre à l'observation (1); je crois ne m'être point écarté de cette première idée , et peut-être même que ce volume pourrait faire suite à celui que j'ai publié ; tandis qu'en exécutant un travail du même genre sur les minéraux, j'aurais , sans m'en douter , composé un ouvrage complet, dans lequel on trouverait réuni tout ce que les trois règnes présentent de remarquable , de rare ou de prodigieux.

J'ai terminé le premier volume consacré au règne animal, en transcrivant deux morceaux dus à deux prosateurs distingués, et j'ai obtenu, par le plaisir qu'ils procurèrent au lecteur, un peu plus d'indulgence pour les pages qui m'appartenaient. J'userai ici du même moyen : le premier des morceaux que je vais citer , la *description de la vallée de Tempé*,

---

(1) L'auteur parle ici d'un premier ouvrage ayant pour titre *les Animaux Industrieux.*—1 vol. in-12. Blanchard. Paris, 1821.—2ᵉ édition. Paris, 1824. (*Note de l'éditeur.*)

par Barthélemy, doit tout son charme aux végétaux dont il présente les effets les plus pittoresques, et ne peut manquer d'être à sa place à la fin d'un ouvrage entièrement consacré aux plantes. Quant au second, il appartient à l'immortel Buffon et devient le complément nécessaire de notre sujet, puisqu'il a pour but de faire apprécier les avantages que l'homme retire de la culture du globe, en opposant l'une à l'autre *la nature brute et la nature cultivée.*

Voici d'abord la description que Barthélemy nous donne de la vallée de Tempé dans son *Voyage d'Anacharsis :*

LA VALLÉE DE TEMPÉ.

« Après avoir passé l'embouchure du Titarésius, dont les eaux sont moins pures que celles du Pénée, nous arrivâmes à Gonnux, distante de Larisse d'environ cent soixante stades. C'est là que commence la vallée et que le fleuve est resserré entre le mont Ossa, qui se trouve à sa droite, et le mont Olympe, qui est à sa gauche, et dont la hauteur est d'un peu plus de dix stades.

« La vallée s'étend du sud-ouest au nord-est ; sa longueur est de quarante stades, sa plus

grande largeur d'environ deux stades et demi;
mais cette largeur diminue quelquefois , au
point qu'elle ne paraît être que de cent pieds.

« Les montagnes sont couvertes de peu-
pliers, de platanes, de frênes d'une beauté surprenante. De leur pied jaillissent des sources
d'une eau pure comme du cristal, et des in-
tervalles qui séparent leurs sommets s'échappe
un air frais, que l'on respire avec une volupté secrète. Le fleuve présente presque partout un canal tranquille , et, dans certains
endroits , il embrasse de petites îles dont il
éternise la verdure. Des grottes percées dans
les flancs des montagnes , des pièces de gazon
placées aux deux côtés du fleuve, semblent
être l'asile du repos et du plaisir. Ce qui nous
étonnait le plus était une certaine intelligence
dans la distribution des ornemens qui parent
ces retraites. Ailleurs, c'est l'art qui s'efforce
d'imiter la nature; ici on dirait que la nature
veut imiter l'art. Les lauriers et différentes
sortes d'arbrisseaux forment d'eux-mêmes des
berceaux et des bosquets, et font un beau contraste avec des bouquets de bois placés au
pied de l'Olympe. Les rochers sont tapissés
d'une espèce de lierre, et les arbres, ornés
de plantes qui serpentent autour de leur tronc,
s'entrelacent dans leurs branches et tombent

en festons et en guirlandes. Enfin , tout présente en ces beaux lieux la décoration la plus riante. De tous côtés, l'œil semble respirer la fraîcheur, et l'âme recevoir un nouvel esprit de vie.

« Les Grecs ont des sensations si vives , ils habitent un climat si chaud, qu'on ne doit pas être surpris des émotions qu'ils éprouvent à l'aspect et même au souvenir de cette charmante vallée. Au tableau que je viens d'en ébaucher , il faut ajouter que dans le printemps elle est tout émaillée de fleurs, et qu'un nombre infini d'oiseaux y font entendre des chants que la solitude et la saison semblent rendre plus mélodieux et plus tendres.

« Cependant nous suivions lentement le cours du Pénée, et mes regards, quoique distraits par une foule d'objets délicieux , revenaient toujours sur ce fleuve. Tantôt je voyais ses flots étinceler à travers le feuillage , dont les bords sont ombragés ; tantôt, m'approchant du rivage , je contemplais le cours paisible de ses ondes , qui semblaient se soutenir mutuellement et remplissaient leur carrière sans tumulte et sans efforts. Je disais à Amintor : Telle est l'image d'une âme pure et tranquille ; les vertus naissent les unes des autres ; elles agissent toutes de concert et sans bruit : l'ombre étrangère du vice les fait seule éclater par son opposition. Amintor me répondit : Je vais vous montrer l'image de l'ambition et les funestes effets qu'elle produit.

« Alors il me conduisit dans une des gorges du mont Ossa, où l'on prétend que se donna le combat des Titans contre les dieux. C'est là qu'un torrent impétueux se précipite sur un lit de rochers, qu'il ébranle par la violence de ses chutes. Nous parvînmes en un endroit où les vagues, fortement comprimées, cherchaient à forcer un passage ; elles se heurtaient, se soulevaient et tombaient en mugissant dans un gouffre d'où elles s'élançaient avec une nouvelle fureur, pour se briser les unes contre les autres dans les airs.

« Mon âme était occupée de ce spectacle, lorsque je levai les yeux autour de moi ; je me trouvai resserré entre deux montagnes noires, arides et sillonnées dans toute leur hauteur par des abîmes profonds. Près de leurs sommets, des nuages erraient pesamment parmi des arbres funèbres, ou restaient suspendus sur leurs branches stériles. Au-dessous, je vis la nature en ruine, les montagnes écroulées étaient couvertes de leurs débris et n'offraient que des roches menaçantes et confusément entassées. Quelle puissance a donc brisé les

liens de ces masses énormes? Est-ce la fureur
des aquilons? Est-ce un bouleversement du
globe? Est-ce en effet la vengeance terrible des
dieux contre les Titans? Je l'ignore; mais enfin
c'est dans cette affreuse vallée que les conqué-
rans devraient venir contempler le tableau des
ravages dont ils affligent la terre. »

LA NATURE BRUTE ET LA NATURE CULTIVÉE.

« La nature est le trône extérieur de la magnificence divine. L'homme qui la contemple,
qui l'étudie, s'élève par degrés au trône intérieur de la Toute-puissance. Fait pour adorer
le Créateur, il commande à toutes les créatures : vassal du ciel, roi de la terre, il l'en-
noblit, la peuple et l'enrichit; il établit, entre
les êtres vivans, l'ordre, la subordination,
l'harmonie; il embellit la nature même; il la
cultive, l'étend et la polit, en élague le chardon et la ronce, y multiplie le raisin et la rose.
Voyez ces plages désertes, ces tristes contrées
où l'homme n'a jamais résidé, couvertes ou
plutôt hérissées de bois épais et noirs dans
toutes les parties élevées; des arbres sans écorce
et sans cime, courbés, rompus, tombant de
vétusté; d'autres, en plus grand nombre, gi-
sant au pied des premiers, pour pourrir sur

des monceaux déjà pourris, étouffent, ense-
velissent les germes prêts à éclore. La nature,
qui partout ailleurs brille par sa jeunesse, paraît ici dans la décrépitude ; la terre, sur-
chargée par le poids, surmontée par les débris de ses productions, n'offre, au lieu d'une
verdure florissante, qu'un espace encombré,
traversé de vieux arbres chargés de plantes
parasites, de lichens, d'agarics, fruits impurs
de la corruption. Dans toutes les parties basses
des eaux mortes, croupissantes, faute d'être
conduites et dirigées, des terrains fangeux,
qui, n'étant ni solides, ni liquides, sont ina-
bordables et demeurent également inutiles aux
habitans de la terre et des eaux ; des marécages
qui, couverts de plantes aquatiques et fétides,
ne nourrissent que des insectes venimeux, et
servent de repaires aux animaux immondes.

« Entre ces marais infects, qui occupent les
lieux bas et les forêts décrépites, qui couvrent
les terres élevées, s'étendent des espèces de
landes, des savanes, qui n'ont rien de commun
avec nos prairies : les mauvaises herbes y sur-
montent, y étouffent les bonnes ; ce n'est point
ce gazon fin qui semble faire le duvet de la
terre ; ce n'est point cette pelouse émaillée,
qui annonce sa brillante fécondité ; ce sont
des végétaux agrestes, des herbes dures, épi-

neuses, entrelacées les unes dans les autres,
qui semblent moins tenir à la terre qu'elles
ne tiennent entre elles, et qui, se desséchant
et se repoussant successivement les unes sur
les autres, forment une bourre grossière,
épaisse de plusieurs pieds. Nulle route, nulle
communication, nul vestige d'intelligence dans
ces lieux sauvages. L'homme, obligé de suivre
les sentiers de la bête féroce, s'il veut les par-
courir, est contraint de veiller sans cesse,
pour éviter d'en devenir la proie ; effrayé de
leurs mugissemens, saisi du silence même de
ces profondes solitudes, il rebrousse chemin
et dit : « La nature brute est hideuse et mou-
« rante : c'est moi seul qui peux la rendre
« agréable et vivante. Desséchons ces marais,
« animons ces eaux mortes, en les faisant
« couler : formons-en des ruisseaux, des ca-
« naux ; employons cet élément actif et dé-
« vorant, qu'on nous avait caché et que nous
« ne devons qu'à nous-mêmes ; mettons le
« feu à cette bourre superflue, à ces vieilles
« forêts déjà à demi consumées ; achevons
« de détruire avec le fer ce que le feu n'aura
« pu consumer ; bientôt au lieu du jonc, du
« nénuphar, dont le crapaud composait son
« venin, nous verrons paraître la renoncule,
« le trèfle, les herbes douces et salutaires ; des

« troupeaux d'animaux bondissans fouleront
« cette terre jadis impraticable; ils y trouve-
« ront une subsistance abondante, une pâture
« toujours renaissante ; ils se multiplieront
« pour se multiplier encore. Servons-nous de
« ces nouveaux aides pour achever notre ou-
« vrage. Le bœuf, soumis au joug, emploie
« ses forces et le poids de sa masse à sillonner
« la terre ; qu'elle rajeunisse par la culture :
« une nature nouvelle va sortir de nos mains.»

« Qu'elle est belle cette nature cultivée !
que, par les soins de l'homme, elle est brillante
et pompeusement parée ! Il en fait lui-même
le principal ornement; il en est la production
la plus noble; en se multipliant, il en multiplie le germe le plus précieux : elle - même
aussi semble se multiplier avec lui ; il met au
jour par son art tout ce qu'elle recelait dans
son sein. Que de trésors ignorés ! que de richesses nouvelles! Les fleurs, les fruits, les
grains perfectionnés, multipliés à l'infini; les
espèces utiles d'animaux transportées, pro-
pagées, augmentées sans nombre ; les espèces
nuisibles réduites, confinées, reléguées ; l'or
et le fer, plus nécessaire que l'or, tirés des
entrailles de la terre ; les torrens contenus,
les fleuves dirigés, resserrés; la mer soumise,
reconnue, traversée d'un hémisphère à l'autre ;

la terre accessible partout, partout rendue aussi vivante que féconde; dans les vallées de riantes prairies ; dans les plaines de riches pâturages ou des moissons encore plus riches ; les collines chargées de vignes et de fruits, leurs sommets couronnés d'arbres utiles et de jeunes forêts; les déserts devenus cités, habités par un peuple immense, qui, circulant sans cesse, se répand de ces centres jusqu'aux extrémités ; des routes couvertes ou fréquentées, des communications établies partout, comme autant de témoins de la force et de l'union de la société; mille autres monumens de puissance et de gloire découvrent assez que l'homme, maître du domaine de la terre, en a changé, renouvelé la surface entière, et que, de tout temps, il partage l'empire avec la nature.

« Cependant, il ne règne que par droit de conquête ; il jouit plutôt qu'il ne possède ; il ne conserve que par des soins toujours renouvelés. S'ils cessent, tout languit, tout s'altère, tout change, tout rentre sous la main de la nature; elle reprend ses droits, efface les ouvrages de l'homme, couvre de poussière et de mousse les plus fastueux monumens, les détruit avec le temps, et ne lui laisse que le regret d'avoir perdu, par sa faute, ce que ses

ancêtres avaient conquis par leurs travaux.
Ces temps où l'homme perd son domaine, ces
siècles de barbarie pendant lesquels tout périt,
sont toujours préparés par la guerre et arrivent
avec la disette et la dépopulation. L'homme
qui ne peut que par le nombre, qui n'est fort
que par sa réunion, qui n'est heureux que par
la paix, a la fureur de s'armer pour son malheur, et de combattre pour sa ruine : excité
par l'insatiable avidité, aveuglé par l'ambition
encore plus insatiable, il renonce aux sentimens d'humanité, tourne toutes ses forces
contre lui-même, cherche à s'entre-détruire,
se détruit en effet, et, après des jours de sang
et de carnage, lorsque la fumée de la gloire
s'est dissipée, il voit d'un œil triste la terre
dévastée, les arts ensevelis, les nations disper-
sées, les peuples affaiblis, son propre bonheur
ruiné et sa puissance réelle anéantie. »

CONSIDÉRATIONS GÉNÉRALES

ET

CITATIONS.

La nature est un composé infini de merveilles, et chacun des êtres de la création est si parfait dans son organisation et dans ses propriétés, que nier une volonté suprême, un moteur divin, agent éternel de tant de miracles, c'est soutenir l'absurde contre la vérité, c'est maintenir le doute devant l'évidence des preuves, c'est préférer le chaos à l'ordre et les ténèbres à la lumière. Mais si la structure de la moindre créature, de l'insecte le plus chétif, de la plante la plus faible et la plus rampante, ne suffit point pour remplir l'homme d'une vérité qui fait toute sa morale et tout son avenir, qu'il compare cet insecte, cette plante avec tous les corps qui sont à l'entour, avec la terre quil es supporte, avec l'air qui les environne; et les rapports établis entre toute la création et l'être le moins parfait à ses yeux, et en apparence le plus indifférent, lui paraîtront si admirablement conçus, si précisément calculés et si utiles, qu'il passera en un moment de l'incertitude à la conviction la plus intime. En effet, s'il est une perfection que nous concevons sans pouvoir y atteindre, c'est assurément l'harmonie dans nos monumens les mieux construits, dans nos ouvrages les mieux écrits, dans nos tableaux le plus ingénieusement pensés et le plus habilement exécutés. Si quelques reproches sont à faire aux hommes de génie qui en sont les auteurs, c'est toujours une faute contre l'ensemble; chaque partie du monument, chaque page de l'ouvrage, chaque personnage du tableau sont irréprochables; mais on conçoit cependant qu'ils pouvaient être mieux relativement, et qu'il manque à l'œuvre ce je ne sais quoi qui nous fait dire, en considérant quelques-uns des beaux tableaux de la nature, que tout est à sa place et que rien ne devait être autrement. Les harmonies qui manquent toujours aux ouvrages de l'homme, mais qui sont si nombreuses, si variées et si supérieurement établies dans les œuvres du Créateur, sont un de ces secrets qu'il nous est permis d'envier et non de découvrir, un de ces mystères qui, en confondant notre orgueil, devaient nous révéler une autorité douée de tous les pouvoirs qui nous manquent.

Les végétaux qui, dans tous les paysages,

sont si bien liés aux animaux qui les environnent, et au sol qu'ils parent et qui en revanche
les nourrit , les végétaux offrent avec l'air,
avec la terre et les eaux , des harmonies qui
ont été parfaitement bien senties par l'auteur
des *Études de la nature*. Aussi ne faisons-
nous, pour ainsi dire, qu'analyser les chapitres
où cet écrivain observateur les expose, en
ayant soin seulement de mettre à la portée
de nos jeunes lecteurs des aperçus donnés
avec trop de concision, et, s'il nous est permis de leur parler avec franchise, d'une manière trop élevée pour eux.

Déjà dans le cours de cet ouvrage nous
avons parlé de la respiration des plantes : ce
phénomène est si réel et il a été si bien observé, que non-seulement on s'est convaincu
que le végétal absorbait une certaine quantité
d'air atmosphérique, mais qu'on a évalué avec
une précision tout-à-fait mathématique cette
portion d'air absorbée : on s'est même assuré
que cette fonction était si nécessaire à son existence , que celle-ci était compromise dès
qu'on s'opposait à l'absorption : on a frotté
d'huile toutes les parties d'une plante, et les
pores, ainsi remplis d'une matière grasse, ne
donnant plus aucun passage à l'air, la plante
n'a point tardé à mourir. Les petits vaisseaux

qui aspirent l'air, sont en spirale et éminem-
ment élastiques : quelques botanistes ont
pensé que le soleil, par son influence, leur
communiquait un mouvement qui avait quelque rapport avec celui à l'aide duquel nos
intestins pressent les alimens jusqu'à leur ex-
crétion, et que ce mouvement aidait le fluide
à circuler : ce qui est au moins constant, c'est
que le bois contient une certaine quantité
d'air captif entre ses fibres : le chêne doit à
cet air emprisonné et que le feu dégage, un
tiers de son poids : ici la nature, avec bien
moins d'appareils que nous, parvient à un
résultat que nous ne saurions jamais atteiu-
dre. Des tuyaux de fer ne pourraient sans
être brisés, recevoir autant d'air condensé que
les fibres des corps ligneux. Le savant est ici,
comme en mille autres occasions, contraint à
s'humilier, car toute notre science ne nous sert
souvent qu'à mieux sentir notre ignorance.

Mais de toutes les harmonies végétales,
celle qui est la plus digne de notre admiration, puisque nous n'admirons surtout les
choses, qu'en raison de l'utilité dont elles
sont pour nous, c'est cette faculté de désin-
fecter l'air accordée aux végétaux. Les animaux corrompent l'air par leur transpiration,
et les végétaux le rétablissent dans toute sa

pureté : ils font plus, ils changent en terrains secs, les marais les plus fangeux, ils remplacent, par les parfums les plus doux, les odeurs les plus fétides ; les fleurs, qui l'hiver viennent orner et embaumer la table du riche, ont eu leur tige nourrie sur une couche du fumier le plus impur.

L'homme, doué d'une intelligence qui devait pourvoir à tous ses besoins, en lui fournissant autant de ressources qu'il éprouverait de privations, a la peau délicate, fine et extrêmement sensible. Il sait se tisser et se tailler des habits ; l'oiseau, le quadrupède, incapables d'une telle prévoyance, reçurent des plumes et des poils, vêtemens de toute leur existence, et se réparant d'eux-mêmes : les végétaux ont été partagés à peu près dans le même rapport par la prévoyance du Créateur. Ceux qui devaient croître dans les pays chauds, eurent pour habit une écorce légère, ceux au contraire qui, nés dans les pays froids, avaient à supporter une saison continuellement rigoureuse, reçurent, comme un rempart, des couches d'une écorce épaisse, et en outre exsudèrent par fois des sucs résineux, capables de fermer leurs pores à l'introduction d'un air glacial et destructeur. Partout les mêmes précautions sont obser-

vées : une plante se plaît-elle sur le sommet
des monts, au front des tours et des murailles
les plus élevées, elle a des tiges flexibles qui,
comme le roseau, plient devant l'aquilon, mais
sans se rompre, et des feuilles coriaces et
étroites qui ne lui offrent pas assez de surface
pour qu'il puisse même les agiter. Souvent
encore, comme si la nature n'était point sa-
tisfaite de la construction des végétaux, construction inégale, dissemblable et toujours rai-
sonnée d'après leurs besoins, elle se sert de
végétaux auxiliaires pour en garantir d'autres.
Un exemple de cette autre combinaison se
trouve dans la force que les lianes, plantes
grimpantes et flexibles, donnent à toute une
forêt, en liant fortement, les uns aux autres, les
plus grands arbres qu'elles enlacent depuis
leurs racines jusqu'à leur sommet.

Ce même système de prévoyance que Ber-
nardin-de-Saint-Pierre nous démontre comme
présidant à l'accroissement et à la conservation des plantes, régit encore, selon lui, les
lois d'après lesquelles s'opère leur dépérisse-
ment. Ici nous ne faisons que copier un passage dicté par une belle inspiration, et qui est
comparable, pour la vérité de l'observation
et l'élégance du style, aux plus belles pages
des *Études*.

« Il est remarquable que les tiges sèches des herbes qui meurent tous les ans, et que les feuilles des arbres qui jonchent la terre à la fin de l'automne, résistent, malgré leur extrême fragilité, aux vents, aux pluies et aux neiges, qui font souvent tant de ravages sur les habitations de l'homme; mais elles se détruisent toutes au printemps. Les gousses des haricots et des pois ; les grappes du sumac , du sorbier, du troëne ; les baies et beaucoup d'autres semences , restent suspendues tout l'hiver à leurs tiges, pour servir de nourriture aux oiseaux. Elles ne s'entr'ouvrent et ne tombent que dans la saison où elles doivent se reproduire. Les pailles des graminées, et les troncs des chênes morts de vieillesse, se décomposent alors en autant de temps qu'ils ont végété: les premières en une demi-année ; les autres pendant des siècles. L'arbre desséché reste long-temps debout ; mais la nature, qui voile partout la mort sur le théâtre de la vie, couvre encore ses branches arides des guirlandes parfumées du chèvre-feuille ou du lierre toujours vert. Si l'arbre est renversé par les tempêtes, des agarics et des mousses de toutes couleurs dévorent et décorent à la fois son vaste squelette. Quelle est donc l'intelligence qui a proportionné , dans chaque espèce de végétal, la force de ses fibres vivantes aux injures de l'atmosphère, et la durée de ses fibres mortes à celle de son renouvellement ? C'est sans doute celle qui a voulu, d'un côté que la terre ne s'encombrât pas par les dépouilles permanentes des végétaux, et qui, d'un autre côté, a voulu qu'elles durassent assez pour offrir des litières, des abris et des nourritures aux animaux pendant l'hiver. C'est enfin ce Dieu qui a mis en harmonie les différens âges de la vie humaine, et l'ignorance des enfans avec l'expérience des vieillards. »

On a dit qu'il n'y avait pas sur le globe un seul endroit où l'on ne trouvât des végétaux; si cette assertion est fausse par trop de généralité, il n'en est pas moins vrai qu'il y a peu de places sur la terre où les plantes ne naissent et ne parviennent à croître. En effet, on en rencontre jusque sur la lave des volcans, sur cette concrétion si dure de matières naguère enflammées : les oiseaux qui habitent le sommet des montagnes volcaniques, trouvent un lichen nourrissant sur les bords du cratère, et la vie sur des laves qui portaient partout la destruction et la mort.

Les montagnes, couvertes de neiges éternelles, ont aussi leur végétation. Les mousses, famille nombreuse et composée d'une quantité

considérable d'espèces, y choisissent leur demeure, elles les tapissent et sont pour leur surface comme une toison ; les champignons y
étendent leurs parapluies, et servent à nourrir
par leurs débris les insectes auxquels les mousses procurent un abri. Partout les végétaux
sont utiles, et partout ils sont formés, eu égard
aux lieux qu'ils habitent, de manière à offrir
le plus d'utilité possible. Ainsi, sur le bord des
rivages de la mer et des rivières, les plantes
ont des racines qui, en fortifiant le sol où elles
se ramifient, le protègent contre l'action
continuelle et destructive des courans. Les
graminées, si faibles en apparence, protègent
de cette manière les digues de la Hollande,
contre l'impétuosité de l'Océan.

Les racines du végétal sont toujours en harmonie avec l'espèce de terre où il se plaît ;
ainsi le chiendent arrête la mobilité du sable,
par des racines qui se prolongent au loin en
s'entrelaçant, tandis que la vigne pousse à
travers les crevasses des rochers contre lesquels elle est adossée des filamens longs et solides. Les racines sont encore en rapport avec
les rameaux : celles de l'orme s'étendent autant
au-dessous du sol que son ombrage se pro-
longe au-dessus ; celle du chêne descend en
un long pivot, aussi profondément que ce

prince de la végétation porte·haut dans les airs son front ambitieux.

Nous n'avons point encore parlé des harmonies aquatiques des végétaux, et déjà quelle bonté infinie n'avons-nous pas reconnue dans la Providence, en ne nous occupant que des rapports qu'elle a établis entre le règne végétal, l'air et la terre : nous disons quelle bonté ! car l'homme et les animaux devant jouir des végétaux, et ceux-ci n'étant créés que pour leurs besoins, tout ce qui tend à la conservation des végétaux, a pour objet, en dernier résultat, et les animaux et surtout l'homme auquel les animaux sont soumis.

« La puissance végétale, dit Bernardin-de Saint-Pierre, ne fut créée que pour la puissance animale. En effet, si la terre ne produisait que des végétaux, ce serait en vain que les fleurs orneraient les prairies de leurs diverses couleurs, et que les fruits suspendus aux vergers exhaleraient au loin leurs parfums. Il n'y aurait point d'yeux pour les voir, d'odorat pour les sentir, de goût pour les savourer ; bientôt le globe entier ne serait couvert que d'herbes flétries et de fruits en dissolution. Les forêts renversées par la vieillesse n'offriraient que des végétaux parasites, croissant sur les débris de leurs troncs. En

vain quelques arbres, sortant du milieu de
leurs ruines, s'éleveraient vers les cieux et
brilleraient le matin des feux et des larmes
de l'Aurore; en vain les vents en balanceraient
les cimes décorées de toute la pompe de la
végétation : leurs sombres murmures n'an-
nonceraient point, dans le silence des bois,
une Providence qui n'aurait fait lever le soleil
que sur des êtres insensibles et qui n'aurait
fait résulter du luxe de la vie végétale que
l'inertie de la mort. Que dis-je ! les bouleverse-
mens même du globe, ses rochers brisés, ses
monts entr'ouverts, les plus affreuses secousses
des tremblemens de terre, ne présenteraient
que les ruines de la matière; mais l'ordre
dans toutes les parties de la végétation et le
désordre dans son ensemble, ses plans à la
fois ébauchés et imparfaits, montreraient son
organisation comme l'ouvrage d'un être doué
à la fois d'un pouvoir immense et d'une intelligence bornée.

« Sans doute l'homme, frappé de ces in-
conséquences, pourrait craindre que cet être
ne vînt à confondre lui-même les lois primi-
tives des élémens ; et, tremblant pour sa
propre existence, il aimerait mieux admettre
pour premier principe un mouvement aveugle et constant dans l'univers, qu'un dieu ca-

pricieux dans la nature. Mais les puissances de la terre ne sont abandonnées ni aux jeux du hasard ni aux lois monotones du mouvement. »

Sans revenir sur l'avantage des plantes pour le desséchement des marais; combien, pour le seul plaisir des yeux, est heureuse cette alliance du ruisseau limpide qui s'égare dans la prairie et du rideau de verdure qui s'élève sur ses bords. Ce rapprochement est tellement goûté et généralement senti, qu'il est bien rare que les auteurs parlent d'une fontaine ou de son murmure, sans couvrir le marbre de l'urne sous les touffes d'une plante voisine. Rarement aussi ils dépeignent la sensation que nous cause ce doux murmure, qu'ils ne placent à l'ombre des hêtres celui qui doit l'éprouver.

Mais si nous voulons voir ici ce qui paraît le but principal de la création, l'utilité : quoi de plus propre à maintenir la fraîcheur des prairies que ces saules qui recherchent les bords du ruisseau, et l'empêchent, en le protégeant de leur ombre, de s'évaporer sous l'influence des rayons brûlans du soleil. Que deviendraient les eaux, si nécessaires à la fécondité des campagnes, si la végétation à laquelle elles donnent tant de vie et un éclat si brillant, ne venait à son tour leur servir de rempart?

Chaque plante aquatique est en outre en un rapport parfait avec l'eau qui doit la recevoir: sur le lac immobile, s'étendent les végétaux à feuilles larges, à fleurs constamment épanouies, ou s'élèvent ceux dont les tiges grêles et faibles seraient infailliblement brisées par le moindre courant. Au contraire, dans l'eau vive, suivant toutes les inclinaisons du sol dans son cours rapide, les plantes n'ont plus de tiges, ce sont de longs filamens qui ressembleraient assez à des cheveux, et qui, entraînés par le courant auquel ils n'opposent aucune résistance, semblent s'allonger sans cesse par l'action continuelle qui les pousse dans une même direction.

Maintenant si nous reportons nos yeux sur le réservoir général de toutes les eaux du globe, sur l'Océan, nous découvrirons d'autres harmonies non moins admirables, non moins nécessaires. Nous remarquerons que la végétation est pauvre sur le rivage, comme si cette masse d'eau avait eu à craindre l'approche du végétal, qui amène toujours avec lui l'absorption et le desséchement, comme si n'étant plus défendu des arbres et des plantes, par ses brouillards, l'Océan perdant chaque jour de son étendue, l'ordre qui préside à ce monde eût du en être troublé. Les plantes qui sont cachées sous les eaux salées, comme les warecks, sont dures, d'une consistance coriace, et n'opèrent point la même absorption que les arbres de nos campagnes. Ces plantes marines, d'un gris sombre ou d'un brun noirâtre et sans élégance dans leur forme, nous semblent parfaitement telles que nous pouvions les attendre au sortir de gouffres et de profonds abîmes que l'on crut long-temps devoir communiquer avec les enfers.

Les plaisirs que l'on trouve dans l'étude des plantes doivent suffire pour nous y attacher. C'est une destinée fort heureuse que celle du savant, qui ne peut employer ses veilles à des travaux dont la nature est le but, sans que les plus pures jouissances ne viennent aussitôt le payer de ses sacrifices et le dédommager de ses peines. Que de plaisirs attendent celui qui se livre à la botanique. Jusqu'alors les végétaux lui ont paru tous à peu près semblables, et son œil, après avoir admiré l'effet pittoresque de leur distribution dans le paysage, a cessé de les regarder, ne trouvant plus rien en eux qui justifiât une plus longue attention. Mais maintenant qu'il les connaît par leur nom, qu'il sait quelles sont leurs habitudes, les ter-

rains qui conviennent à la nourriture de chacun d'eux, qu'il pourrait préciser le temps où
la feuille sort du bourgeon, où la fleur doit
éclore : ce sont des connaissances, bien plus
ce sont des amis qu'il distingue de loin, vers
lesquels il se rend avec empressement, et qui
ne le trouvent jamais froid, parce qu'ils ne
sont jamais indifférens pour lui. Il applaudit à
celui-ci qu'il rencontre sur le sol qui lui est le
plus convenable, et il irait volontiers jusqu'à
le féliciter sur cet avantage, sur l'exposition
heureuse dans laquelle il se trouve, si cet autre
dont les fleurs sont si jolies, et qui lui rappelle peut-être les plus doux souvenirs, ne dé-
périssait sur un lit ingrat composé de sable
et de cailloux. C'est au malheureux qu'il accorde toute son attention. Ici c'est une plante
qu'il aperçoit pour la première fois dans une
vallée où elle était jusqu'alors inconnue ; le
plaisir qu'il éprouve alors est celui qu'inspire
l'arrivée d'un nouvel hôte ; là il interpose son
pouvoir et délivre le végétal utile du végétal
parasite, qui nuit à son accroissement, et qui
menaçant de le détruire par son influence nui-
sible, nous menace nous-mêmes dans nos besoins ou dans nos jouissances. Ainsi, il peuple
une campagne que d'abord il avait trouvée déserte, et l'étude n'est plus pour lui qu'un plaisir.

Voici comment Delille , toujours inimitable
quand il faut peindre la nature , nous retrace
les plaisirs d'un jour d'herborisation.

Le jour vient , et la troupe arrive au rendez-vous.
Ce ne sont point ici de ces guerres barbares
Où les accens du cor et le bruit des fanfares
Épouvantent de loin les hôtes des forêts.
Paissez , jeunes chevreuils ; sous vos ombrages frais ,
Oiseaux, ne craignez rien : ces chasses innocentes
Ont pour objet les fleurs , les arbres et les plantes ;
Et des prés, et des bois , et des champs et des monts ,
Le portefeuille avide attend déjà les dons.
On part : l'air du matin, la fraîcheur de l'aurore ,
Appellent à l'envi les disciples de Flore.

    Jussieu marche à leur tête ; il parcourt avec eux
Du règne végétal les nourrissons nombreux.
Pour tenter son savoir quelquefois leur malice
De plusieurs végétaux compose un tout factice ;
Le sage l'aperçoit , sourit avec bonté ,
Et rend à chaque plant son débris emprunté.
Chacun dans sa recherche à l'envi se signale :
Étamine , pistil et corolle et pétale,
On interroge tout. Parmi ces végétaux
Les uns vous sont connus , d'autres vous sont nouveaux :
Vous voyez les premiers avec reconnaissance ,
Vous voyez les seconds des yeux de l'espérance ;
L'un est un vieil ami qu'on aime à retrouver,
L'autre est un inconnu que l'on doit éprouver.
Et quel plaisir encor, lorsque des objets rares,
Dont le sol, le climat et le ciel sont avares ,
Rendus par votre attente encor plus précieux,
Par un heureux hasard se montrent à vos yeux !
Voyez quand la pervenche , en nos champs ignorée ,
Offre à Rousseau sa fleur si long-temps désirée !

La pervenche ! grand Dieu ! la pervenche ! Soudain
Il la couve des yeux, il y porte la main,
Saisit sa douce proie ; avec moins de tendresse
L'amant voit, reconnaît, adore sa maîtresse.

Mais le besoin commande : un champêtre repas,
Pour ranimer leur force, a suspendu leurs pas ;
C'est au bord des ruisseaux, des sources, des cascades ;
Bacchus se rafraîchit dans les eaux des Naïades.
Des arbres pour lambris, pour tableaux l'horizon,
Les oiseaux pour concerts, pour table le gazon,
Le laitage, les œufs, l'abricot, la cerise,
Et la fraise des bois que leurs mains ont conquise.
Voilà leurs simples mets, grâce à leurs doux travaux,
Leur appétit insulte à tout l'art des Méots.
On fête, on chante Flore et l'antique Cybèle,
Éternellement jeune, éternellement belle.
Leurs discours ne sont pas tous ces riens si vantés,
Par la mode introduits, par la mode emportés.
Mais la grandeur d'un Dieu, mais sa bonté féconde,
La nature immortelle et les secrets du monde.

La troupe enfin se lève, on vole de nouveau
Des bois à la prairie et des champs au coteau,
Et le soir dans l'herbier, dont les feuilles sont prêtes,
Chacun vient en triomphe apporter ses conquêtes.

Il appartenait au même poëte d'appeler
l'homme à la conquête des végétaux, et de
faire cet appel sur le ton de l'enthousiasme :
voici ce morceau qui ne le cède au précé-
dent, ni pour le mouvement, ni par la richesse
des images et la beauté des vers.

Enfin vous jouissez, et le cœur et les yeux
Chérissent de vos bois l'abri délicieux.

Au plaisir voulez-vous unir encor la gloire ?
Voulez-vous de votre art remporter la victoire ?
Déjà de nos jardins heureux décorateur ,
Ajoutez à ces noms le nom de créateur.
Voyez comme en secret la nature fermente ;
Quel besoin d'enfanter sans cesse la tourmente ;
Et vous ne l'aidez pas ! qui sait dans son trésor
Quels biens à l'industrie elle réserve encor ?
Comme l'art à son gré guide le cours de l'onde ,
Il peut guider la séve ; à sa liqueur féconde
Montrez d'autres chemins , ouvrez d'autres canaux ;
Dans vos champs enrichis par des hymens nouveaux ,
Des sucs vierges encore essayez le mélange ,
De leurs dons naturels favorisez l'échange.
Combien d'arbres, de fruits , de plantes et de fleurs
Dont l'art changea les goûts, les parfums, les couleurs !
La pêche a dû sa gloire à ces métamorphoses ;
D'un triple diadême ainsi brillent les roses ;
De son panache aussi l'œillet s'énorgueillit.
Osez : Dieu fit le monde et l'homme l'embellit.

Que si vous n'osez pas essayer ces conquêtes ,
Combien sous d'autres cieux de richesses sont prêtes !
Usurpez ces trésors ; ainsi le fier romain ,
Et ravisseur plus juste et vainqueur plus humain ,
Conquit des fruits nouveaux , porta dans l'Ausonie
Le prunier de Damas, l'abricot d'Arménie,
Le poirier des Gaulois , tant d'autres fruits divers :
C'est ainsi qu'il fallait s'asservir l'univers !
Quand Lucullus vainqueur triomphait de l'Asie,
L'airain , le marbre et l'or frappaient Rome éblouie.
Le sage dans la foule aimait à voir ses mains
Porter le cerisier en triomphe aux Romains.
Et ces mêmes Romains n'ont-ils pas vu nos pères
En bataillons armés , sous des cieux plus prospères
Aller chercher la vigne et vouer à Bacchus
Leurs étendards rougis du nectar des vaincus ?

Du fruit de leurs exploits leurs troupes échauffées
Apportaient en chantant ces précieux trophées.
Du pampre triomphal ils couronnaient leurs fronts,
Le pampre sur leurs dards s'enlaçait en festons.
Tel revint triomphant le dieu vainqueur du Gange :
Les vallons, les côteaux célébraient la vendange,
Et partout où coula le nectar enchanté,
Coururent le plaisir, l'audace et la gaîté.

Ici nous quitterons la plume, ne voulant rien ajouter après ces vers si dignes d'être confiés à la mémoire, et qu'un plus long discours pourrait en effacer. Les minéraux se forment incessamment dans les entrailles de la terre, laboratoire immense et profond ; mais où l'œil du savant a pénétré : ils reclament notre attention, ils completteront pour nous le tableau de cet univers ; et ce règne nous offrant, aussi bien que les deux premiers, des aménités à faire remarquer, et des merveilles à décrire, nous aurons rempli notre but, en composant un troisième volume, et terminé une *Histoire naturelle* considérée sous ses rapports les plus aimables, conçue et exécutée d'après une donnée entièrement nouvelle.

FIN.

TABLE

DES MATIÈRES.

	Pages
AVERTISSEMENT	v
INTRODUCTION. — DES PARTIES QUI COMPOSENT LES VÉGÉTAUX	1
Le Blé	12
L'Élymus arenarius	22
Le Riz	23
Le Palmier	24
Le Lis	29
L'Hyacinthe	31
La Scille marine	34
L'Asphodèle	id.
Le Bananier	36
La Valisnérie	38
Le Laurier	43
L'Olivier	48
Le Frêne	51
La Verveine	53
La Mandragore	55
La Laitue	62
Le Chardon	66
Le Souci	68
Le Porte-Café	74
Le Lierre	80
La Cigue	82
La Férule	87
L'Ache	91

Le Pavot.. 92
L'Érable 97
Le Citronnier. 99
L'Oranger 100
La Vigne. 103
La Violette. 112
Le Téléphium 121
Le Myrte. 123
Le Grenadier. 124
Le Rosier. . . . . , . . . 127
L'Aubépine. 142
Le Pommier 148
L'Amandier 150
Le Coignassier 151
L'Abricotier . . . . id.
La Sensitive 153
Le Lotier. 161
Le Noyer. 164
Le Mancenillier 167
Le Melon. 169
Le Murier. 171
Le Figuier 174
Le Platane . . . . , - 181
Le Coudrier 184
Le Chêne. 187
L'Orme 197
Le Bouleau. 198
Le Cèdre. 201
Le Pin 210

La Vallée de Tempé 212
La Nature brute et la Nature cultivée.. 216

Principes et Aménités de la botanique.

Des parties qui composent les végétaux. . . .   1
Des tiges. 194
Des feuilles. . . . . : 204
Des fleurs. 158
De l'horloge de Flore 69
Du calendrier de Flore. 72
Des fruits, distinction entre le fruit et les par-
    ties du végétal, appelées vulgairement de
    ce nom ; diverses harmonies. 25
Organes accessoires du végétal. 109
De la fécondation ; des différens moyens que
    la nature emploie pour l'opérer 40
Dissémination des semences 94
De l'action de la chaleur sur les végétaux . . 88
Influence de la lumière sur les plantes 162
De l'influence de la culture sur les propriétés
    du végétal 63
Poisons végétaux 167
Mouvemens et vie apparente chez les végétaux. 153
Sommeil des plantes 158
Du rapport qui existe entre les caractères phy-
    siques de chacune des familles naturelles
    et les propriétés des plantes qui la compo-
    sent 17
Valeur symbolique des plantes et surtout des
    fleurs 113
Jeux floraux rétablis et dotés par Clémence
    Isaure 143
Végétaux desquels on peut tirer du papier et
    et même des tissus. 172

TABLE DES MATIÈRES.

De la rose de Jéricho. 137

De quelques plantes qui ont servi à des pratiques superstitieuses 57

Moyens chimiques et mécaniques pour composer des fleurs artificielles. 32

CONSIDÉRATIONS GÉNÉRALES ET CITA-
TIONS. 222

FIN DE LA TABLE.

www.ingramcontent.com/pod-product-compliance
Lightning Source LLC
LaVergne TN
LVHW021547170726
843501LV00004B/1218